SCHRIFTEN AUS DEM GESAMTGEBIET DER GEWERBEHYGIENE
HERAUSGEGEBEN VON DER DEUTSCHEN GESELLSCHAFT FÜR GEWERBEHYGIENE
IN FRANKFURT A. M., PLATZ DER REPUBLIK 49
===== NEUE FOLGE. HEFT 18 =====

Die Beseitigung der beim
Tauch- und Spritzlackieren
entstehenden Dämpfe

Im Auftrag des Technischen Ausschusses der Deutschen Gesellschaft
für Gewerbehygiene bearbeitet

von

Wenzel **Alvensleben** **Dr. Witt**

Oberregierungs- und   Oberingenieur, Techn. Aufsichts-   Gewerberat a. D., Techn. Aufsichts-
-gewerberat in Berlin   beamter der Berufsgenossenschaft   beamter der Berufsgenossenschaft
                        der Feinmechanik u. Elektrotechnik   der Chemischen Industrie in Berlin
                        in Berlin

Zweite, neubearbeitete und ergänzte Auflage

Mit 36 Abbildungen

Springer-Verlag Berlin Heidelberg GmbH
1930

ISBN 978-3-662-34354-8   ISBN 978-3-662-34625-9 (eBook)
DOI 10.1007/978-3-662-34625-9

Alle Rechte, insbesondere das der Übersetzung
in fremde Sprachen, vorbehalten.

Vorwort zur ersten Auflage.

Vor etwa 20 Jahren begann man das Anstreichen und Lackieren von hölzernen oder metallenen Gegenständen nicht mehr in der althergebrachten Weise durch Anstreichen mit dem Pinsel, sondern durch Eintauchen in die Farbe oder den Lack oder durch Bespritzen damit auszuführen. Da das Verfahren sich bewährte und auch wirtschaftlich vorteilhaft war, so fand es in immer zunehmendem Umfange Anwendung. Besonders bei der Herstellung von Massenerzeugnissen hat es das alte Verfahren fast vollständig verdrängt. Seine Einführung wurde dadurch begünstigt und erleichtert, daß in der gleichen Zeit neue Lacke, die sogenannten Zapon- und Nitrozelluloselacke aufkamen, die sehr schnell trocknen und doch einen haltbaren, harten glänzenden Überzug liefern. Sie bestehen in der Hauptsache aus Nitrozellulose, die in leicht flüchtigen Lösungsmitteln, besonders Amylazetat oder Azeton, gelöst ist. Der Lösung sind oft noch Farben und andere Stoffe sowie Verdünnungsmittel — Methylalkohol, Benzin, Benzol, Essigäther u. a. — zugesetzt. Neuerdings finden auch Butylazetat sowie der Essigäther eines synthetisch gewonnenen Propylalkohols — Adronolazetat — scheinbar zunehmende Verwendung. Endlich kommen auch Lacke in den Verkehr, die als Hauptbestandteil Kunstharze oder Azetylzellulose in geeigneten Lösungsmitteln enthalten. Eine auch nur einigermaßen erschöpfende Aufzählung dieser zahlreichen vielfach unter Decknamen vertriebenen Lacke ist ausgeschlossen. Fast täglich erscheinen neue auf dem Markte, deren Zusammensetzung den Verbrauchern unbekannt ist und meistens auch unbekannt bleibt. Das neue Verfahren hat aber nicht nur die ganze Arbeitsweise umgestaltet, sondern auch die gesundheitlichen Verhältnisse stark beeinflußt, denn ein großer Teil der zu der Herstellung der Zapon- und zaponartigen Lacke benutzten Lösungsmittel und Zusätze kann die Gesundheit schädigen. Werden die Dämpfe oder die beim Spritzen entstehenden Nebel eingeatmet oder kommen Teile der Lösungsmittel auf die Haut oder in die Augen, so können sie Schädigungen hervorrufen. Enthalten die verarbeiteten Farben oder Lacke Bleiverbindungen oder ähnliche giftige Stoffe, so besteht die Gefahr, daß sie in irgendeiner Weise aufgenommen werden und nachteilig wirken.

Endlich bildet auch die leichte Brennbarkeit mancher Lösungsmittel usw. in Verbindung mit ihrer großen Flüchtigkeit eine wohl zu beachtende Unfallquelle.

Die Arbeiter wissen nur selten, aus welchen Stoffen die von ihnen benutzten Lacke bestehen und ob sie Gesundheitsschädigungen hervorrufen können. Sie sind allein auch gar nicht in der Lage, sich der Ein-

Vorwort zur ersten Auflage.

wirkung der Dämpfe ganz zu entziehen. Das kann nur durch zweckmäßige Absaugevorrichtungen in genügender Weise geschehen. Deren Herstellung ist aber nicht leicht, denn dabei müssen die Eigenschaften des Lackes, die besondere Art der Arbeit und die Gestalt und Größe der zu lackierenden Gegenstände sorgfältig berücksichtigt werden. Die Herstellung bedarf daher von Fall zu Fall eingehender Überlegung und besonderer Erfahrung.

Auf Grund solcher Erwägungen hat Herr O. Streine, Hamburg, als Mitglied des Technischen Ausschusses der Deutschen Gesellschaft für Gewerbehygiene den Antrag gestellt, der Ausschuß möge um den Schutz der beim Tauch- und Spritzlackieren beschäftigten Personen zu fördern, durch einige sachkundige Mitglieder die Frage bearbeiten lassen, welche Einrichtungen zum Absaugen der Dämpfe benutzt werden und welche Erfahrungen damit gemacht worden sind. Der Ausschuß hat dem Antrage zugestimmt.

In höchst dankenswerter Weise haben die Herren Oberregierungs- und -Gewerberat Wenzel, Gewerberat Dr. Witt und Oberingenieur Alvensleben sich dieser Aufgabe unterzogen. Die von ihnen verfaßten Abhandlungen sind in dem Technischen Ausschuß eingehend besprochen. Auf Grund dieser Beratung haben die Bearbeiter ihre Abhandlungen nochmals durchgearbeitet und zu der vorliegenden Schrift zusammengefaßt, die hiermit der Öffentlichkeit übergeben wird. — Die Arbeit soll nicht nur eine kritische Darstellung der zur Zeit benutzten Absaugevorrichtungen geben, sondern möglichst auch zu weiteren Versuchen und Verbesserungen anregen. In Betracht kann z. B. kommen das Trocknen im luftverdünnten Raume, die Verminderung und bessere Regelung des Spritzdruckes, die Reinigung und Wiederbenutzung der abgesaugten Raumluft zur Wärmeersparnis, die Wiedergewinnung des verdampften Lösungsmittels.

Von einem Eingehen auf die besonderen gesundheitlichen Wirkungen der einzelnen Stoffe ist abgesehen und angenommen worden, daß die Dämpfe stets beseitigt werden müssen. Das ist vom Standpunkt des praktischen Arbeiterschutzes aus nicht nur berechtigt, sondern sogar notwendig, denn die Zusammensetzung der einzelnen Lacke ist nur ausnahmsweise bekannt. Es ist daher nie sicher vorherzusehen, ob Gesundheitsschädigungen zu erwarten sind oder nicht. Endlich wird schon wegen fast täglich neu auftauchender neuer Lacke Vorsicht geboten sein.

Die kritische Würdigung der einzelnen Einrichtungen ist absichtlich eingeschränkt, denn bei der Vielgestaltigkeit der Betriebsvorkehrungen und der Arbeitsweise ist es nicht möglich, eine bestimmte Einrichtung für alle Fälle als die beste zu bezeichnen. Das kann nur von Fall zu Fall entschieden werden.

Deutsche Gesellschaft für Gewerbehygiene

Der Vorsitzende des Technischen Ausschusses:

Dr. Leymann

Geheimer Oberregierungsrat

Vorwort zur zweiten Auflage.

Die im Jahre 1927 vom Technischen Ausschuß der Deutschen Gesellschaft für Gewerbehygiene herausgegebene Schrift über die Beseitigung der beim Tauch- und Spritzlackieren entstehenden Dämpfe ist seit einiger Zeit vergriffen. Da die Nachfrage anhielt, wurde eine neue Auflage der Schrift erforderlich. Herr Oberregierungs- und -gewerberat Wenzel hat sich in liebenswürdiger Weise dieser Aufgabe unterzogen und dabei auch den Inhalt der Schrift entsprechend den neuesten Erfahrungen ergänzt und vervollständigt. Das Ergebnis dieser Bearbeitung wurde in einem vom Technischen Ausschuß der Deutschen Gesellschaft für Gewerbehygiene eingesetzten Unterausschuß unter Hinzuziehung von Fachvertretern und Vertretern der Arbeitgeber und Gewerkschaften besprochen und gebilligt. Wir hoffen, daß die vorliegende Schrift in ihrer neuen Form besonders geeignet ist, Anregungen zu bringen und allen an den gewerbehygienischen Fragen des Tauch- und Spritzlackierens interessierten Kreisen ein Berater zu sein.

Im August 1930.

Deutsche Gesellschaft für Gewerbehygiene

Der Vorsitzende des Technischen Ausschusses:

Dr. Leymann

Geheimer Oberregierungsrat

Die Massenfabrikation, die wirtschaftliche Notwendigkeit der Beschleunigung des Fabrikationsganges und das Verlangen nach Vereinfachung der Arbeitsverfahren haben in vielen Industriezweigen das Anstreichen und Lackieren mit dem Pinsel verdrängt und an die Stelle der alten Verfahren das Tauchbad und die Spritzpistole gesetzt. Das Tauchen geschieht in einfacher Weise durch ein je nach der Zusammensetzung der Tauchlösung und der Aufnahmefähigkeit des Tauchgutes kürzeres oder längeres Einhängen des zu lackierenden Stückes in das meist in einem offenen Bottich angesetzte Tauchbad. Den an dem Tauchgut haften bleibenden Überzug läßt man nach Abtropfen des Überschusses an der Luft oder in besonderen Öfen trocknen. Der Überzug dient Schutz-, insbesondere Rostschutz-, Farb- oder Glanz-, vereinzelt auch Isolierzwecken. Das Spritzen geht in der Weise vor sich, daß man auf das meist auf besonderen Spritztischen oder in mehr oder weniger abgeschlossenen Kammern aufgebaute Arbeitsstück den Spritzlack aufbläst, und zwar mittels eines Preßluftstrahles, der in einem handlichen, auf Ejektorwirkung beruhenden Apparat, der sogenannten Spritzpistole, den Lack ansaugt und zerstäubt, wie man etwa Blumen mittels Mundbläsers besprützt oder Parfüm durch die aus einem Gummiball ausgedrückte Luft zerstäubt. Die mit der Hand geführte Spritzpistole hat also zwei Schlauch- oder Rohranschlüsse, einmal an eine oft zentral angeordnete Preßluftanlage, und dann einen kürzeren an einen für jede Spritzpistole in der Regel gesonderten Farbbehälter, der aber auch oft konstruktiv mit der Spritzpistole verbunden ist. Beispiele verschiedener Anordnung zeigen die Abb. 1—4. Von den zahlreichen Anwendungsmöglichkeiten des Tauchbades und des Spritzverfahrens sollen hier nur solche in den Kreis der Erörterung gezogen werden, bei denen Lacklösungen verwendet werden, in erster Linie wegen der Entwicklung von Dämpfen, die wegen der mit ihnen verbundenen Gesundheitsgefahren beseitigt werden müssen. Doch werden die Erwägungen innerhalb gewisser Grenzen auch für andere mit Gefahren verbundene Anwendungsgebiete des Tauch- und Spritzverfahrens oder auch des Streichverfahrens gelten können, z. B. für das Tauchverfahren in der Gummiindustrie zur Bildung der Gummiform von Spielwaren und Gebrauchsgegenständen und zum Vulkanisieren von Gummiwaren, für das Streichverfahren zum Gummieren von Geweben, für das Kleb-, Kitt- und Steifverfahren in der Schuhfabrikation, für das Schoopsche und andere Metallspritzverfahren oder für das Farbglasurblasen der keramischen Industrie; andererseits wird bei den Maßnahmen zur Verhütung der Gesundheitsgefahren der Zusammenhang mit dem zweiten Gefahrenkomplex des Tauch- und

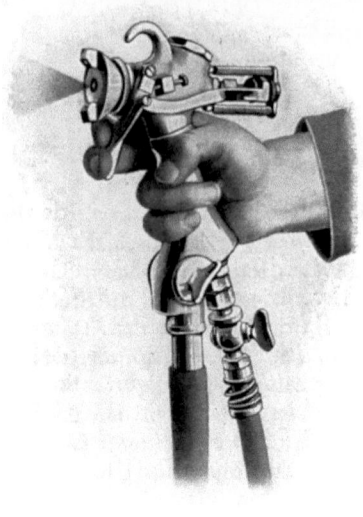

Abb. 1. Niederdruck-Spritzapparat des Leipziger Tangierwerks AG.
a Preßluftanschluß, b Farbleitungsanschluß.

Abb. 2. Farbspritzpistole der AG. Gebr. Pierburg, Berlin-Tempelhof.

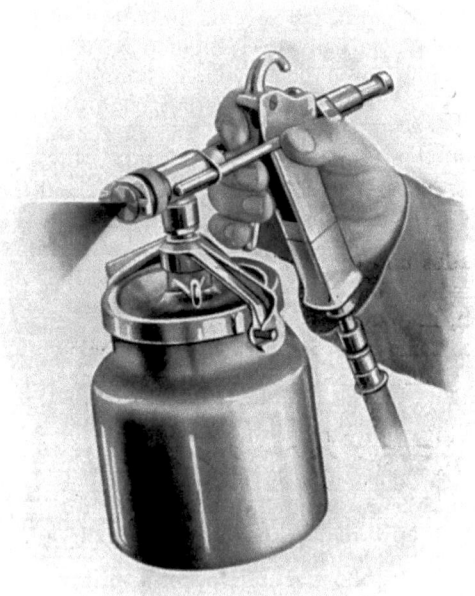

Abb. 3. Farbspritzapparat mit anhängendem Farbbehälter des Leipziger Tangier-Werks AG.

Spritzlackverfahrens, der Feuer- und Explosionsgefahr, nicht außer acht gelassen werden dürfen. Unberücksichtigt bleiben muß die Frage der Wirtschaftlichkeit, auch auf technische Einzelheiten, wie z. B. die Wahl der Ventilatoren, die Konstruktion der Spritzpistolen und Kompressoren kann nicht eingegangen werden.

Die ausgedehnteste Verwendung haben die Tauch- und Spritzlackverfahren in der Metall- und Maschinenindustrie gefunden. Vom kleinen Metallknopf und Silberschmuckstück an bis zu größten

Teilen landwirtschaftlicher Maschinen, der Automobile und Eisenbahnwaggons werden Metallflächen auf diese Weise mit einem Farb- oder Schutzlacküberzug versehen, der zuweilen auch noch anderen Zwecken, z. B. in der Elektroindustrie als Isoliermittel dienen muß. In schnell zunehmendem Maß finden die Verfahren Anwendung in der Holzindustrie; auch hier ist weder die Größe des Stückes noch die verlangte Güte des Überzuges ein Hindernis für die Anwendung: Der schnell verbrauchte und keines lange haltbaren Überzugs bedürftige Bleistift wird getaucht oder

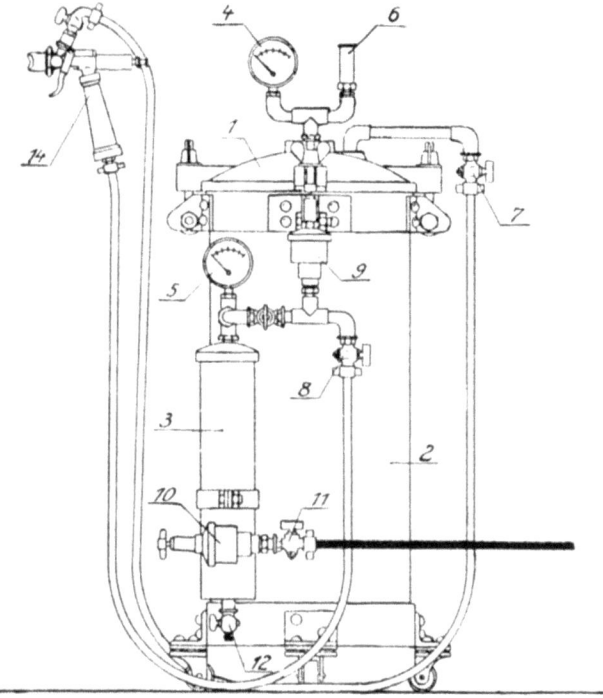

Abb. 4. Trag- und fahrbare Farbspritzeinrichtung der Firma Gebr. Pierburg, AG. Berlin-Tempelhof.
1 Deckel, *2* Kessel, *3* Luftreiniger, *4* Manometer für den Farbdruck, *5* Manometer für den Zerstäuberdruck, *6* Sicherheitsventil, *7* Farbhahn, *8* Lufthahn, *9* Reduzierventil für den Farbdruck, *10* Reduzierventil für den Betriebsdruck, *11* Preßluftanschlußhahn, *12* Ablaßhahn, *14* Spritzpistole.

gespritzt. Das Flügelgehäuse, an dessen Ansehnlichkeit und Haltbarkeit die höchsten Anforderungen gestellt werden, erhält mehrere Spritzlacküberzüge. In der Glas- und Kunststeinindustrie versucht man durch Spritzen ein marmor- oder granitähnliches Aussehen der Ware hervorzurufen. Glühbirnen werden mit Wasserfarben oder transparenten Nitrolacken farbig gespritzt, die versilberten Soffitten- und medizinischen Lampen erhalten eine Schutzschicht aus einem Aluminiumbronze enthaltenden Spritzlack. Gewebe, Papiere, Zellhornwaren werden gespritzt, um phantastische Farbeneffekte und wirkungsvolle Schattierungen hervorzurufen. Auch Leder- und Gummiwaren erhalten durch Tauchen oder Spritzen ihre

Arten der Tauch- und Spritzlacke.

Färbung oder Musterung. Manche Schokoladenwaren und Konfitüren erhalten einen hauchfeinen, farblosen Spritzlacküberzug, um ein frisches, appetitliches Aussehen für längere Zeit zu sichern. In Brauereien werden große Braubottiche und die verzinnten Eisenfässer für überseeische Exportbiere innen spritzlackiert. Statt mit Siegellack oder Zinnfolie gibt man zuweilen verkorkten Flaschen einen luftdichten Abschluß mit Tauchlack. Beim Kollodinieren der Glühstrümpfe gibt der Tauchlack dem imprägnierten, leicht zerfallenden Gewebe die zum Transport erforderliche Festigkeit. Ähnlich wie Drähte, Blechlamellen und andere Teile elektrischer Maschinen werden auch Gewebe aus Baumwolle, Leinen, Seide, auch Papier im Lackbad getaucht, um ihnen einen isolierenden Überzug zu geben. Also eine Fülle von Verwendungsmöglichkeiten des Tauch- und Spritzlackverfahrens, die noch in keiner Weise erschöpfend sind.

Um ein Bild der beim Tauchen oder Spritzen sich entwickelnden Dämpfe zu gewinnen, ist es notwendig, die Art und Zusammensetzung der verwendeten Lacke und der Lösungs- und Verdünnungsmittel zu kennen. Diese in Erfahrung zu bringen, ist nicht immer einfach. Mit Zweckbezeichnungen, z. B. Grundierlack, Überzuglack, Schleiflack, Glanzspritzlack, Mattbrennlack ist nichts gesagt, ebensowenig mit Phantasienamen wie Glasurit, Viktorialack, Brassoline, Alanol, Solution u.a. Dazu kommt, daß die Namen oft wechseln, und daß sowohl die Lackfabrikation wie die Zusammensetzung des Tauchbades und der Spritzlacklösung als Geheimnis betrachtet werden. Auch die Zusammensetzung desselben Lackes oder Lösungsmittels ist keineswegs gleichbleibend, wie sich oft aus Geruch und gesundheitsschädlicher Wirkung ergibt. Von Bedeutung ist ferner der Umstand, daß fast nie ein Zusatzmittel genommen wird, sondern immer mehrere, von denen das eine lösen, das andere verdünnen, das dritte weich und elastisch machen, das vierte isolierend wirken, das fünfte einen bestimmten Glanz geben oder noch andere Eigenschaften haben soll. Während beim Tauchverfahren Öllacke vorherrschen, aber auch Asphaltlacke und Firnis vorkommen, überwiegen beim Spritzverfahren die Nitrozelluloselacke; Spiritus- und Zaponlack finden bei beiden Verfahren Anwendung. Die Öllacke haben als wesentlichsten Ölbestandteil ein an der Luft unter Oxydation und Polymerisation trocknendes Öl, z. B. Leinöl, Hanföl, Sojabohnenöl, Mohnöl, Baumwollsaatöl und in immer stärkerem Maße chinesische Holzöle, als Lackbestandteil gelöste natürliche Harze (Kopal, Damar, Schellacke, Bernstein u. a.) oder Kunstharze, z. B. Kumaron, durch Einwirkung von konzentrierter Schwefelsäure auf Rohbenzol erhalten, Bakelit, ein Kondensations- und Polymerisationsprodukt von Phenolen und Kresolen mit Formaldehyd und Krotonaldehyd, u. a. Als Lösungsmittel für die Harze und Ersatzstoffe dienen meist Mineralöle, wie Benzol, Solventnaphtha, Benzin, seltener, aber vom gesundheitlichen Standpunkt besser, obwohl auch nicht ganz ohne gesundheitliche Einwirkung, Terpentin- oder Kienöle; doch auch dafür werden wieder Ersatzstoffe angewandt, z. B. Sangajol, ein Gemisch von Grenzkohlenwasserstoffen,

Naphthenen und Benzol. Die Spirituslacke enthalten Harze oder die genannten Kunststoffe in Spiritus, der für Lackzwecke nicht mit Holzgeist und Pyridinbasen, sondern meist mit $^1/_2$ vH Terpentinöl vergällt ist, oder in anderen Alkoholen, z. B. Butanol, Methanol, Propylalkohol, Amylalkohol gelöst. Aber auch alle möglichen anderen, oft recht teueren organischen Lösungsmittel kommen vor, ohne daß der Zweck ihrer Verwendung immer ersichtlich ist, z. B. nitrierte, hydrierte und chlorierte Benzole, Aceton und andere Holzgeistfraktionen, Trichloräthylen, Tetralin oder andere ähnliche hydrierte Kohlenwasserstoffe, zuweilen für Sonderzwecke Tetrachlorkohlenstoff, Schwefelkohlenstoff, Tetrachloräthan (Acetylentetrachlorid), Perchloräthan, Chlorhydrine, Petroleumäther, Chloroform. Die seltener verwendeten Asphaltlacke sind Lösungen von Asphalt mit Ruß und Stearinpechbeimischung in Lösungsmitteln der genannten Art, für Isolierzwecke zuweilen noch mit Kautschuk, Guttapercha, Bakelit u. a. versetzt. Der hier und da als Tauchbad dienende Ölfirnis ist ein mit Sauerstoffträgern (Metalloxyden, z. B. Blei, Mangan, Kobalt, borsauren Salzen und ähnlichen) eingekochtes, trocknendes Öl, das für die Tauchzwecke entsprechend verdünnt ist. Die Zaponlacke und Nitrolacke, die in immer steigendem Maße Anwendung finden, sind Lösungen von Nitrozellulose, Kollodiumwolle, Zellhorn, seltener, aber vom Feuerschutzstandpunkt wesentlich günstiger, Azetylzellulose (Cellonlacke) in Alkoholen, Aceton (Dimethyl-Keton) und anderen Ketonen, Amylacetat (aus Natriumacetat, Amylalkohol und Schwefelsäure hergestellt), Methyl-Äthylacetat, dem sogenannten Lösungsmittel E 13 oder anderen Estern, auch Benzol, Toluol, Xylol oder Benzin, die bei billigeren Sorten oft bis 40 vH ausmachen gegenüber 15—20 Gewichts-Hundertteilen an Farb- und sonstigen festen Stoffen und 10 vH niedrigsiedenden, 20 vH mittelhochsiedenden und 5—10 vH hochsiedenden Lackbestandteilen. Vereinzelt findet statt Aceton Tetrachloräthan, ein gewerbehygienisch höchst unerwünschter Stoff, statt Amylacetat Amylformiat oder Butylacetat, zuweilen auch das weniger flüchtige, aber giftigere Methyl-Zyklohexanolacetat Anwendung, ebenso Adranolacetat oder Isopropylacetat, auch Chloroform, Äthyläther, Trichloräthylen und ähnliche Stoffe sind gelegentlich beigemischt; ferner Kampfer, Triphenyl- oder Kresylphosphat, Phthalsäureester, die als Palatinole, Harnstoffderivate, die als Molite oder Zentralite im Handel sind, Acetanilid, Äthylacetanilid (Manol), Rhizinusöl und andere Stoffe, deren Hauptzweck die Weichmachung des spröden Zaponfilms ist.

Allen Lacken wird nach Bedarf Farbe zugesetzt, Erdfarben, Farblacke, Anilinfarben, aber auch mehr oder weniger schädliche Metalloxyde, die mit Leinöl in geschlossenen Apparaten mechanisch angerieben und mit Lack verdünnt werden. Neben Bleiweiß und Mennige finden sich für weiße Farben Blanc fix (Zinkoxyd mit Bariumsulfat), Lithopone (Bariumsulfat mit Zinksulfid), vereinzelt auch Titandioxyd, in gelben Spritzlacken Bleichromat oder Kadmiumsulfid, in grünen Chromgelb.

Die Zusammensetzung des Tauchbades oder des Spritzlackes bringt es mit sich, daß schon bei gewöhnlicher Raumtemperatur sich Dämpfe bilden, die zum Teil feuer- und explosionsgefährlich, zum Teil gesundheitsschädlich sind, meist sogar beide Eigenschaften haben. Die natürliche Temperatur wird in manchen Fällen überschritten, sei es, daß man das Tauchbad oder den Spritzlack durch Dampfschlangen oder Metallröhren mit elektrischen Widerständen erwärmen zu müssen glaubt, um das Tauchbad leichtflüssiger zu machen, oder um die Zerstäubbarkeit des Spritzlackes zu fördern, sei es, daß man die Raumtemperatur zur Begünstigung des leichteren Abtropfens der lackierten Stücke und des im gleichen Raum erfolgenden Lufttrocknens möglichst hoch hält, oder daß man gar beides tut und noch dazu, insbesondere bei Isolierlackierungen, die zu tauchenden Drähte oder andere Metallstücke besonders erwärmt. Bei Verwendung von Zelluloselacken wird vielfach die Spritzluft vorgewärmt, um das schnelle Verdunsten der Lösungsmittel und das Trocknen des Farbüberzugs zu fördern. Zuweilen sind auch bei anderen Lacken erwärmte Trockentische oder Lacktrockenschränke in unmittelbarer Nähe, bei Fließ- und Bandarbeit in den Arbeitsgang einbezogen und um das laufende Band herumgebaut.

Das Wesen der Lacktrocknung bedingt die Verdunstung der flüchtigen Lösungsmittel oder anderer Zusätze; sie ist also unvermeidbar und der Zweck jeder hygienischen Einrichtung oder Sicherheitsmaßnahme beim Tauch- und Spritzverfahren muß also in erster Linie die Abführung der Dämpfe sein. Die höhere Temperatur ist nur insofern von Einfluß, als sie die in der Zeiteinheit vor sich gehende Verdunstung und damit die in der Zeiteinheit abzuführende Dampfmenge vergrößert und eine stärkere Absaugung bedingt. Eine ganz andere Frage ist die Nebelbildung beim Spritzen. Nebel entsteht bekanntlich, wenn der Taupunkt der Luft überschritten wird, d. h. wenn die Luft sich abkühlt, ihre Aufnahmefähigkeit für Feuchtigkeit, in der Regel in Form von Wasserdampf, also geringer wird und schließlich der Punkt erreicht wird, wo die relative Feuchtigkeit der Luft 100 vH des größtmöglichen Feuchtigkeitsgehalts beträgt. Begünstigt wird die Nebelbildung, d. h. sie tritt schon vor Erreichung dieses Punktes ein, wenn sogenannte Kondensationskerne in der Luft schweben, wie wir es von den Großstadtnebeln kennen, wo die schwebenden Rauch- und Staubpartikelchen als Kondensationskerne wirken. Suchen wir die drei Faktoren der Nebelbildung — Abkühlung, Feuchtigkeit, Kondensationskerne — beim Spritzen, so ergibt sich die Abkühlung, abgesehen von dem Auftreffen eines wärmeren Spritzstrahls auf kühleres Spritzgut, durch die Druckverminderung der austretenden Preßluft an der Spritzdüse. Jede Druckverminderung eines gespannten Gases oder Dampfes gibt eine Temperaturerniedrigung, um so größer, je stärker die Druckdifferenz; jede Verdunstung verursacht Abkühlung, also auch die sofort an der Spritzdüse einsetzende Verdunstung der Lösungsmittel. Die Feuchtigkeit ist einmal in der den Spritzstrahl umgebenden Raumluft vorhanden, aber auch die Preßluft ist meist nicht frei davon und die Lösungsmittel sind ebenfalls nicht wasserfrei. Als Kondensationskerne wirken die einzelnen Farbkörperchen, die von dem Preßluftstrahl gegen die zu spritzende Fläche geworfen werden, zum Teil abprallen und nun außerhalb des Spritzkegels die Nebelbildung begünstigen. Von untergeordneter Bedeutung ist es dabei, ob mit Flachstrahl oder Rundstrahl gespritzt wird. Abgesehen von den klimatischen Nachteilen jedes Nebels wird man den Farbspritznebel gewerbehygienisch deshalb als schädlicher als die reinen Verdunstungsdämpfe der Lösungsmittel ansehen, weil er mehr Farbkörperchen als diese enthält, und weil Nebel infolge seiner stärkeren Kohäsionskraft schwerer abzusaugen ist. Die technischen Einwirkungen des Nebels auf die Farbschicht und ihre Trocknung und die wirtschaftlichen Nachteile durch stärkere Farbverluste brauchen uns hier nicht zu berühren. Auf jeden Fall wird man eine Verringerung der Nebelbildung begrüßen können, auch wenn man sich klar darüber ist, daß die Hauptgefahr des Spritzverfahrens, die Verdunstung der Lösungsmittel, damit nicht gebannt ist. Um die Nebelbildung zu verhindern oder wenigstens zu verringern, müssen also die drei genannten Faktoren oder ihre Wirkung nach Möglichkeit ausgeschaltet werden. Die erste Forderung ist also trockene Raumluft, trockene Preßluft, Wasserfreiheit der Lösungsmittel und der Farbstoffe, die zweite Forderung ist Verminderung des Spritzdruckes und Erwärmung der Preßluft. Es ist selbstverständlich, daß das Haften der Farbe auf der zu spritzenden Fläche einen gewissen Spritzdruck zur Voraussetzung hat, unter Umständen auch die Dichtigkeit und Härte der Farbschicht und damit die Güte des Überzugs. Immerhin konnte man für verschiedene Anstrichzwecke und Anstrichfarben nicht ohne Erfolg von $2^1/_2$—3 Atm. Spritzdruck auf $^1/_2$ Atm. herabgehen. Man muß dann natürlich wieder die Menge der Spritzluft erhöhen und hat damit andere Nachteile im Gefolge, ebenso wird man dünnflüssiges Farbmaterial nehmen müssen, d. h. mehr leichtflüchtige Verdünnungs- und Lösungsmittel zusetzen, also die schädlichen Dämpfe vermehren. Neuere Versuche[1] haben ergeben, daß bei Hochdruckspritzen von Nitrozelluloselacken 59,3 vH, bei Niederdruckspritzen 57,1 vH des aufgetragenen Materials verdunsten bzw. als feste Farbkörperchen verlorengehen. Dieser letztere Verlust wird beim Hochdruckspritzen größer sein als beim Niederdruckspritzen, hinsichtlich der Verdunstung wird also überhaupt kein Unterschied sein. Für den Niederdruck bedarf es unter Umständen keiner Kompressor- und Windkesselanlage, vom Unfallverhütungs- und wirtschaftliche Standpunkt zweifellos ein Vorteil, es genügt ein gewöhnlicher Ventilator. Um mit möglichst niedrigem Druck arbeiten zu können, hat man ferner versucht, die Zerstäubung des Farbmaterials nicht dem Preßluftstrahl zu überlassen, sondern sie durch ein mechanisches Hilfsmittel vorzunehmen, ein allerdings auch von einem schwachen Preßluftstrahl bewegtes Turbinenrädchen, das vor der Farbdüse angebracht ist. Die nebelfördernde Wirkung der Farbkörperchen hat man dadurch vermindert, daß man um den Spritzkegel einen konzentrischen Preßluftmantel — Hochdruck oder Niederdruck — legt, der ein Heraustreten der Farbkörperchen aus dem Spritzkegel und ein Ab-

---

[1] Wilke, Dtsch. Lackiererztg. 1929, Nr 5.

prallen von der Spritzfläche erschwert, oder man bildet einen solchen Schutzmantel durch konzentrisches Ansaugen von Luft um die Spritzdüse herum. Leider ist die Frage des Niederdruckspritzens zu einer nicht immer in erfreulichen Formen geführten Patentstreitigkeit geworden, die der Sache selbst und ihrer gewerbehygienischen Beachtung Abbruch getan hat und den Beurteiler zur Vorsicht mahnt. Von wesentlichem Einfluß auf die Nebelbildung ist ferner die Präzision der Spritzpistole. Je sauberer die Spritzdüse gearbeitet ist, je glatter und gleichförmiger der Austritt des die Farbzuführung umschließenden Preßluftrings ist, je leichter und ruhiger das Nadelventil und die Federdrosselung reagiert, um so gleichmäßiger wird auch der Spritzkegel und sein Druck auf die Spritzfläche und das Mischungsverhältnis von Farbe und Preßluft sein, um so weniger Farbkörperchen werden sich aus dem Spritzkegel absondern und zur Nebelbildung Veranlassung geben. Ist das Fehlen der Nebelbildung also ein Zeichen guter Spritzeinrichtungen und sorgfältigen, Farbe sparenden Arbeitens, so darf es doch nicht über die durch das Verdunsten der Lösungsmittel mögliche Gesundheitsgefährdung hinwegtäuschen. Absaugung der Dämpfe ist auch dann notwendig, wenn der Nebel nicht als Warnungssignal in Erscheinung tritt.

Ebenso wichtig wie die Gesundheitsgefährdung durch die Lösungsmittel ist die Explosions- und Feuersgefahr durch sie. Ein großer Teil der Lösungs-, Verdünnungs- und Weichmachungsmittel ist feuergefährlich, ihre Verdunstungsdämpfe in bestimmten Gemisch mit Luft explosionsgefährlich, z. B. ein Benzinluftgemisch mit 2,6—4,8 vH Benzindampf, bei Benzol liegen die Grenzen bei 3 und 6 vH.

Bei starker Absaugung wird stets so viel Luft mitgerissen werden, daß die Gefahrengrenze weder im Spritzbereich, noch in der Absaugung erreicht wird. Eine Gefahrenerhöhung tritt allerdings bei einigen Lösungsmitteln, z. B. Benzin, dadurch ein, daß das in der Spritzleitung fließende Lösungsmittel sich durch Reibung und Durcheinanderwirbelung elektrisch auflädt, ebenso wahrscheinlich auch die strömenden Dämpfe in der Absaugeleitung, und daß es dann nicht mehr einer Flamme, eines glühenden Metallstücks oder eines Reibungsfunkens zur Zündung bedarf, sondern daß auch ein elektrischer Entladungsfunken eine solche auslösen kann.

Man braucht die schwerste Explosion in einer Spritzlackiererei, in einer Bleistiftspritzerei in Nürnberg, bei der 12 Arbeitnehmer tödlich verunglückten und 6 mehr oder weniger schwer verbrannt wurden, nicht als typisch anzusehen, denn hier trafen mehrere ungewöhnlich ungünstige Umstände zusammen; einmal waren in einem nicht unterteilten, großen Raum eine ganze Reihe Spritzstellen untergebracht, wenn sie auch im Augenblick der Explosion nur zum Teil im Betrieb waren, dann war die Absaugung unzweckmäßig angeordnet, indem unter einem Teil der Spritzstellen in Saugkästen explosible Gasluftgemische sich ansammeln konnten, und schließlich wurde in unmittelbarer Nähe der Spritzstellen mit einer, vielleicht sogar defekten, elektrisch betriebenen Handbohrmaschine gearbeitet. Der Fall zeigt aber schon vier Wege der Verhütung von Explosionen oder Verminderung ihrer Wirkung: Unterteilung größerer Spritzereien, sorgfältigste Vermeidung sogenannter toter Räume und Ecken in der Absaugung, in denen sich explosives Gasluftgemisch ansammeln könnte, Vermeidung aller flammen- oder funkengebenden Einrichtungen in der Spritzerei und Unterlassung jeder Arbeit während des Spritzens, bei der durch elektrische Vorrichtungen oder Reibung Funken auftreten können. Professor Dr. Henne führt in einem Aufsatz in „Neumanns Zeitschrift für Versicherungswesen" 23 teils mit Explosionen oder Verpuffungen verbundene Brände in Spritzereien an, die einen Schaden von 3221000 Mark verursachten, wobei in verschiedenen Fällen der Gebäudeschaden noch nicht mitgerechnet ist. Auch in den Jahresberichten der Gewerbeaufsichtsbeamten für das Jahr 1927 sind einzelne solcher Brände angegeben. Die Zündungsursachen sind recht verschiedenartig. Oft waren es Funken des Ventilators der Absaugung, auch heißgelaufene Lager des Ventilators, seltener Reibungsfunken durch in den Ventilator gelangte eiserne Gegenstände. Mehrfach sind Zündungen aufgetreten beim Abkratzen der Lackkrusten in der Spritzkabine, in der Absaugungsleitung oder auch am Fußboden. Daß Brände nicht ausbleiben konnten, wenn mit Schweißbrennern an die für solche Arbeiten kaum ausreichend zu reinigenden Absaugeleitungen gegangen wurde, oder wenn mit einem Streichholz in die Spritzkasten oder Absaugungen hineingeleuchtet wurde, sollte allerdings ebenso wie das Rauchverbot in jeder Spritzerei bekannt sein. Es wurden auch Fälle festgestellt, in denen in der Spritzerei noch Gasbeleuchtung war, in denen offene Lackgefäße in großer Zahl herumstanden, in denen Heiz- oder Trockenöfen in der Spritzerei selbst befeuert wurden, in denen in oder vor der Spritzkammer Glühlampen mit einfacher Glasglocke hingen und zerspringende oder zerschlagene Glühlampen die Lackdämpfe oder Lackkrusten zur Entzündung brachten. Elektrische Erwärmung der Preßluft führte wiederholt zu Bränden dadurch, daß während kurzer Spritzpausen der Strom nicht abgestellt war, der Vorwärmermantel glühend heiß wurde und den lackgetränkten Tisch, auf den die Spritzpistole abgelegt war, in Brand setzte.

Auf die gesundheitsschädlichen Wirkungen der zum Tauchbad oder zum Spritzen benutzten Stoffe kann hier nur mit wenigen Worten eingegangen werden. Die Harze selbst und die beigemischten Farbkörper können außer acht gelassen werden. Die Gefährdung durch sie verschwindet, abgesehen etwa vom Spritzen mit Bleifarben, neben den durch die flüchtigen Lösungs- und Verdünnungsmittel herbeigeführten Gefahren. Diese Stoffe können durch das ihnen allen eigene Fettlösevermögen oder durch spezifische Eigenschaften einzelner von ihnen die Haut angreifen und auf diesem Wege in den Körper aufgenommen werden. In weit höherem Maße als in dieser Weise gelangen sie aber als Dämpfe eingeatmet in die Blutbahn und können einzelne Organe schädigen, in erster Linie das Zentralnervensystem. Dazu kommen empfindliche Reizungen der Schleimhäute, der Luftwege und des Auges und die besonderen Wirkungen einzelner Stoffe auf bestimmte Organe (Leber,

Nieren, Auge, Gehirn u. a.). Das der Menge nach am stärksten vertretene Lösungs- und Verdünnungsmittel Benzol wird beim Spritzen außer mehr oder weniger starken Reizerscheinungen an den Schleimhäuten der Atmungsorgane und leichten rauschähnlichen Zuständen akute Schädigungen nur hervorrufen, wenn in engen Räumen, z. B. Kesseln, Schiffskammern usw. ohne genügende Absaugung und Frischluftzuführung gespritzt wird, chronische Schäden sind bei nicht genügender Vorsicht nicht ausgeschlossen, aber bei sachgemäßer Absaugung kaum zu befürchten, sie äußern sich in häufigem Kopfschmerz und Schwindelgefühlen, Blutarmut, Neigung zu Zuckungen, Blutungen an den verschiedensten Schleimhäuten. Toluol und Xylol sind etwas giftiger, Benzin, Aceton, Amylacetat weniger giftig als Benzol. Da die Hautschädigungen unmittelbar oder mittelbar durch die Entfettung der Haut herbeigeführt werden, wird man sich am besten dagegen durch Einfettung der Hände und Unterarme schützen, sofern sich die Verschmutzung der Haut nicht überhaupt vermeiden läßt und das Tragen von Schutzhandschuhen nicht möglich ist. Gegen das Einatmen der Lösungsmitteldämpfe schützt in erster Linie eine gründliche Abführung der Dämpfe. Dazu muß in den meisten Fällen mechanische Kraft zu Hilfe genommen werden, da sowohl beim Tauchen infolge der großen Oberfläche des Tauchbades und beim Abtropfen des Lackes vom Tauchgut als auch beim Spritzen wegen der großen mit dem Spritzlack verblasenen Preßluftmenge und der durch die Zerstäubung besonders begünstigten Verdunstung große Dampfmengen abzuführen sind, der Dampf auch bei der Eigenart der Lackzusammensetzung oft Bestandteile hat, die teils leichter, teils schwerer sind als Luft. Rechnet man bei einer mittleren Spritzpistole mit einem Luftverbrauch von 10—12 cbm/St., einem Lackverbrauch von 3—4 kg/St., und auf 1 kg Lack eine Dampfentwicklung von 0,25—0,3 cbm, ferner auf jeden Spritzerstand, unabhängig von der Luftvermehrung und Luftverschlechterung, einen dreimal stündlich zu erneuernden Luftraum von 20 cbm, so ergibt sich die Notwendigkeit einer stündlichen Gasluftabführung von 75 cbm für jeden Spritzstand, richtiger gerechnet nicht für die Stunde sondern für die Zeit, in der innerhalb einer Stunde die Spritzpistole benutzt wird, d. h. für etwa eine halbe Stunde. Neben diesen Erwägungen sind für die Wahl der Absaugestellen, für die Größe der Angriffsfläche und die Stärke der Absaugung einmal die Größe oder Sperrigkeit der zu tauchenden oder zu spritzenden Stücke und dann die Notwendigkeit zu beachten, mitgerissene Lacktropfen zur Vermeidung der Verschmutzung oder Verstopfung von Rohrleitungen und Exhaustor zurückzuhalten. Zur Verhütung einer Schädigung oder Belästigung der Nachbarschaft ist ferner die günstigste Abführung oder Beseitigung schädlicher oder stark riechender Dämpfe anzustreben. Die Riechbarkeit der benutzten Stoffe ist durchweg sehr groß, sie beginnt z. B. bei Äthyläther bei 0,001 g/cbm Luft, bei Amylazetat bei 0,09 g/cbm, bei Methylalkohol bei 0,6 g/cbm. Aus dem gleichen Grunde und zur Erhöhung der Wirtschaftlichkeit ist die Wiedergewinnung abgeführter

Stoffe in Erwägung zu ziehen; leider ist sie bei den bekannten Methoden nur für ganz große Spritzereien wirtschaftlich tragbar. Für die Absaugung gelten schließlich die gleichen Gesichtspunkte wie für jede mechanische Luftabführung: Schutz der Arbeiter gegen Gesundheitsschädigung durch zu starke Luftbewegung oder zu große Temperaturunterschiede der abgesaugten und der nachströmenden Luft, Anpassung an die Fabrikationsbedürfnisse, z. B. an den Trocknungsvorgang, Vermeidung einer Verstaubung des Lacküberzuges durch den Luftstrom, Berücksichtigung der wirtschaftlichen Notwendigkeiten, z. B. Vermeidung einer Wärmevergeudung durch Absaugung warmer Luft und besondere Erwärmung der nachströmenden Kaltluft, geringster Kraftverbrauch durch zweckmäßige Anordnung und richtige Abmessungen der Absaugeleitung und Auswahl des günstigsten Exhaustors oder des seltener benutzten Strahlgebläses mit Druckwasser oder Preßluft-Ejektorwirkung. Bei der Absaugung von Lackdämpfen ist ferner zu beachten der Erdungsschutz gegen elektrische Erregung beim Strömen von Benzin-, Äther- und ähnlichen Dämpfen, die Vermeidung toter Stellen in der Leitung, in denen sich ein explosionsfähiges Gasluftgemisch ansammeln kann

Abb. 5.

— man denke an das Nürnberger Unglück —, die tunlichste Verhinderung und regelmäßige Beseitigung von leicht entzündbaren Ablagerungen in den Rohrleitungen und gegebenenfalls die Verhütung von Blechkorrosionen durch Verbleien oder Verzinnen, wenn Dämpfe der Lösungsmittel Eisen angreifende Säure abspalten können, wie es beispielsweise die Dämpfe der chlorierten Kohlenwasserstoffe tun.

Den besten Schutz beim Tauchverfahren bietet die Verlegung des Arbeitsvorganges in einen geschlossenen Kasten, wie ihn die Abb. 5 (AEG Berlin) zeigt. Er wird da angebracht sein, wo Zaponlack oder Stoffe mit ähnlich starker Verdunstung verwendet werden, und die Größe oder Sperrigkeit der zu tauchenden Stücke kein wesentliches Hindernis ist. Das leicht verschiebbare Glasfenster braucht nur soweit geöffnet zu werden, wie es die Bedienung des Tauchbades unbedingt erfordert. Das

Trocknen erfolgt ebenfalls in dem Kasten über dem Tauchbad. Der natürliche Zug des Abzugsrohres wird, wie das Bild zeigt, durch Einblasen eines Preßluftstrahles verstärkt, kann aber selbstverständlich durch motorische Absaugung ersetzt werden. Man taucht kleine Gegenstände auch in langsam rotierenden Trommeln oder auf dem laufenden Band, das zunächst durch das Tauchbad, dann unter Bürstenwalzen entlang geführt wird, die auf die getauchten Stücke drücken und den Lack verteilen; das Band wird dann weiter durch den Trockenofen geführt. Eine Dunsthaube mit Saugzug über den Tauchtrommeln — die verschiebbar eingerichtet sein kann, da sie nur beim Öffnen und Entleeren der Trommel benötigt wird — oder über der Tauch- und Bürststelle des laufenden Bandes wird notwendig und auch ausreichend sein. Eine geschlossene Apparatur wird zuweilen verwandt beim Kollodinieren der Gasglühlichtstrümpfe, wobei diese einen Lacküberzug erhalten, der im wesentlichen aus Kollodiumwolle, in Äthyläther und Alkohol gelöst, besteht. Die Glühstrümpfe werden in Reihen auf einen Rahmen gesteckt, der in den Apparat eingeschoben und in das Tauchbad gesenkt wird. Die leichtflüchtigen Dämpfe müssen insbesondere wegen der Feuer- und Explosionsgefährlichkeit kräftig abgesaugt und fern von Feuerungen oder funkenblasenden Schornsteinen abgeführt werden, sofern nicht die Wiedergewinnung der verdunsteten Stoffe durch Abkühlung und Kondensation oder andere Verfahren versucht wird. Ganz ähnlich arbeitet auch ein neues Verfahren, um gefüllte Flaschen, insbesondere für pharmazeutische Zwecke, statt mit den üblichen Flaschenkapseln aus lackiertem Blech unmittelbar im Tauchbad mit einem Lacküberzug luftdicht zu verschließen. Der Lack besteht aus Acetylzellulose, in Alkohol und Essigäther gelöst. In einem geschlossenen Kasten wird das Tauchbad durch einen hydraulischen Stempel gegen einen drehbar eingerichteten Rahmen gedrückt, in den die Flaschen eingesetzt sind.

Ist eine geschlossene Apparatur nicht möglich wegen der Sperrigkeit des Tauchgutes, z. B. bei großen Maschinenteilen oder Metallmöbeln, oder ist sie nicht nötig, weil Dämpfe nicht in erheblichem Maße entweichen, wie z. B. bei nicht erwärmten Asphaltlacken oder wenig flüchtigen Öllacken, wie sie etwa beim Tauchen von Metallbettstellen verwandt werden, so wird man sich mit einer mehr oder weniger vollständigen, seitlichen und oberen Umwandung des Raumes über dem Tauchbad oder nur mit einer Dunsthaube über dem Tauchgefäß mit entsprechendem Abzug, vielleicht auch nur mit einer mit Schlitzen versehenen, über dem Tauchbad angeordneten Absaugeleitung begnügen können. Die in Beizereien übliche Anordnung kann dabei gute Beispiele abgeben, doch können Ummantelung und Ableitung leichter gehalten werden, da sie nicht, wie bei den nitrosen Gasen der Beizerei, aus imprägniertem Holz und Steinzeug zu sein brauchen; lackiertes oder verzinktes Eisenblech genügt, andererseits muß die in Beizereien noch gelegentlich angetroffene Förderung des Abzugs durch eine Lockflamme wegen der Feuergefährlichkeit der Tauchbaddämpfe unterbleiben. In gleicher Weise wie bei Beizereien wird man die Absaugung in geeigneten Fällen in Höhe des

Tauchbottichrandes angreifen lassen und je nach der Schwere oder Leichtigkeit der Dämpfe noch eine Hilfsabsaugung am Boden der Ummantelung in der Nähe des Fußbodens des Arbeitsraumes, an der Spitze des Dunstfanges oder an der Decke des Arbeitsraumes eintreten lassen. Abb. 6 zeigt eine Absaugung in Höhe der Arbeitsverrichtung; für schwere Dämpfe, etwa Benzin, ist noch eine Absaugung am Fußboden vorgesehen. Der Motorantrieb der Absaugung ist mit Rücksicht auf die Explosionsgefahr in einen besonderen Raum verlegt. Wie man sich bei großen Stücken, deren Einlegung in das Tauchbad durch eine Dunsthaube behindert würde, helfen kann, zeigt Abb. 7 (Danneberg & Quandt A.G. Berlin). Hier wird von der Schmalseite der etwa 4 m langen Bottiche ein schwacher Dampf- oder Druckluftstrahl geblasen, der zusammen mit den im Bottich gebildeten Dämpfen von der an der anderen Schmalseite angebrachten, entsprechend bemessenen Absaugung aufgenommen wird. In anderen Fällen wird man eine verschiebbare Dunsthaube anordnen oder die Absaugung an zwei oder drei Seiten des Tauchbades wirken lassen können. Die Absaugung soll oft nicht nur das Tauchbad erfassen, sondern auch die zuweilen unmittelbar neben den Tauchgefäßen stehenden

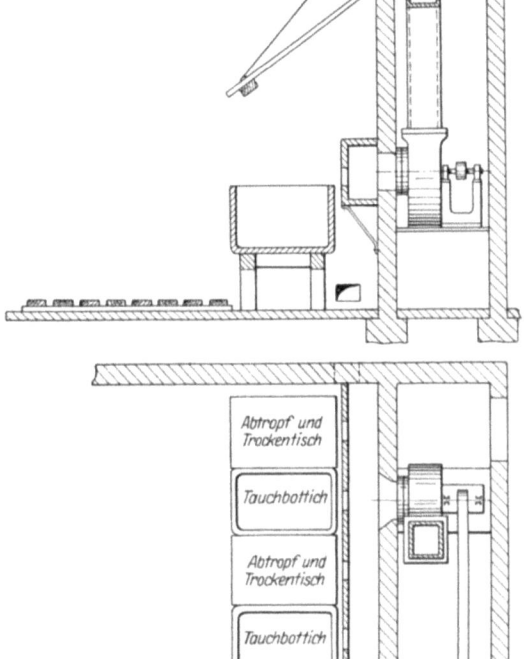

Abb. 6.

Trockentische, da beim Trocknen entsprechend der größeren verdunstenden Oberfläche noch mehr Dämpfe als beim Tauchen selbst entstehen können. Durch die Absaugung wird die Trocknung beschleunigt, was für die Güte des Lacküberzugs von Vorteil sein kann. Die Tische, die mit Lattenrosten ausgerüstet sind, erhalten daher zweckmäßig an zwei oder drei Seiten Absaugung in Höhe der Roste. In Zaponiereien findet sich gelegentlich folgende Einrichtung: Rechts und links an die Tauchbehälter schließen sich blechbeschlagene Abtropfrinnen von etwa

80 cm Breite und 2—3 m Länge mit Neigung zu dem Tauchbehälter. Die getauchten Waren werden über den Rinnen zum Abtropfen und Trocknen aufgehängt, über den Rinnen laufen Absaugerohre mit Schlitzen.

Da es schwer halten wird, die Absaugung, wenn man sie natürlich auch verstellbar einrichten kann, stets der Dampfentwicklung des Tauchbades und des Trockenprozesses genau anzupassen, wird man sich zweckmäßig außerdem auf eine Raumabsaugung einstellen müssen; man sollte aber dabei in der kalten Jahreszeit oder bei feuchter Luft nicht über einen drei- bis vierfachen Luftwechsel des Arbeitsraumes in der Stunde

Abb. 7.

gehen, um einen für die bedienenden Arbeiter schädlichen Luftzug zu vermeiden. Ist eine stärkere Entlüftung des Arbeitsraumes wünschenswert, so sollte man vorgewärmte Frischluft, die bei feinen Tauchlackarbeiten unter Umständen vorher durch Metallflächenfilter zu reinigen ist, von der Decke her in den Raum einführen. Man kann dann unbedenklich bis zu einem fünf- bis sechsfachen Luftwechsel in der Stunde gehen. Abb. 8 zeigt eine solche, für eine Beizerei gedachte Frischluftzuführung, die sinngemäß auch für eine Taucherei verwandt werden und je nach Bedarf erwärmte oder kühle Luft abgeben kann.

Dem Tauchlackverfahren gleichzustellen ist das Überspülen eingebauter Ständerwicklungen von Dynamomaschinen mit Lack, der mit Schlauchleitung zugeführt wird. Auch hierbei wird man, wenn irgendmöglich, über dem Arbeitsplatz eine verschiebbare Dunsthaube anordnen

Absaugung und Luftzufuhr beim Tauchen. 15

und die Arbeiter mit Schutzhandschuhen ausrüsten, um sie gegen die Wirkung der schwer vermeidbaren Berührung mit Benzin, mit dem die Metallteile vor dem Lackieren entfettet und gereinigt werden, und vor den Lacken zu schützen.

Einen schwierigen Sonderfall stellt die Absaugung und Lufterwärmung beim Tauchen von Drähten in Isolierlack und beim Trocknen dieser Drähte dar, da hierbei Temperaturschwankungen vermieden werden sollen, weil der Fabrikationserfolg darin beruht, daß der Draht und der Isolierlack sich beim Trocknen gleichmäßig zusammenziehen.

Ob in seltenen Fällen der natürliche Luftzug hoher Schornsteine für die Absaugung genügt, ob eine ausreichende Absaugung durch Dampf-

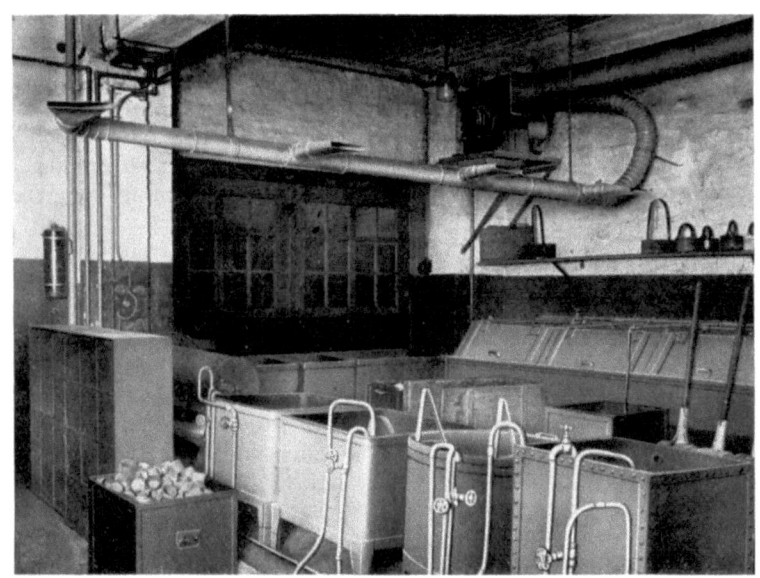

Abb. 8.

oder Wasserstrahl-Ejektorwirkung erzielt werden kann, oder ob ein kräftiger Exhaustor angewandt werden muß, kann nur nach der Zusammensetzung des Tauchbades und den örtlichen Verhältnissen beurteilt werden, die auch dafür maßgebend sind, wie hoch die abgeführten Dämpfe über Dach geleitet werden müssen, um Belästigungen der Arbeiter in benachbarten Arbeitsräumen oder der Anwohner zu vermeiden. Daß die Dämpfe nicht in Schornsteine, die gleichzeitig zur Abführung von Feuerungsgasen dienen, geleitet werden dürfen, bedarf bei der meist vorliegenden Feuers- und Explosionsgefahr keiner besonderen Erörterung. In vielen Fällen wird der Schornsteinzug allein wegen seiner mit dem Temperaturunterschied zwischen Arbeitsraum und Außenluft stark schwankenden Wirksamkeit nicht genügen. Ausreichende Ejektorwirkung durch Wasserstrahl scheitert oft an mangelhaftem Druck der

Spritzkästen.

Wasserleitung, da mindestens 5 Atm. Wasserdruck für eine wirksame Absaugung erforderlich sind.

Noch seltener als beim Tauchen kann man beim Spritzen auf Absaugung verzichten, da infolge der Zerstäubung des meist dünnflüssigeren Spritzlackes bei einem Spritzdruck von durchschnittlich 2,5—3 Atü. eine wesentlich stärkere und schnellere Verdunstung stattfindet und der entstehende Dampf durch den Preßluftstrahl stärker herumgewirbelt wird und meist schwerer ist als Luft, z. B. bei den Zaponlacken. Aus diesem Grunde wird das Spritzgut in einen möglichst nur nach der Seite des Spritzers offenen Kasten, aus dem die Absaugung erfolgt, gestellt, sofern nicht die Größe oder Bewegung des Spritzgutes — es wird auch am sogenannten fließenden Band gespritzt — daran hindert. Für die Absaugung ist ferner von Wichtigkeit, daß das Dampfluftgemisch infolge der Zerstäubung Farbtröpfchen enthält, die abgeschieden werden müssen, ehe sie die Rohrleitungen und den Exhaustor verschmutzen oder verstopfen. Vereinzelt werden, um dickflüssigeres Material verwenden zu können und eine glatte Fläche zu erzielen, der Lack und die Spritzluft besonders erwärmt, so daß die Absaugung auch zur Vermeidung zu starker Erwärmung der Raumluft, mag sie auch für die Trocknung der Waren günstig sein, wünschenswert ist.

Der übliche Spritzkasten für Knöpfe, Kleinmetallwaren, Gebrauchsgegenstände ist etwa 70—90 cm breit, hoch und tief, die Auflagefläche der Waren sollte etwa 80 cm über dem Fußboden liegen, jedenfalls nur so hoch, daß der Spritzer die Waren von oben unter einem Winkel von etwa 30—45° bestreichen kann, ohne die mit einer Zuleitung für Preßluft und einer solchen für Lack versehene und daher nicht immer leichte Spritzpistole zu hoch heben zu müssen. Der Spritzkasten ist in der Regel aus Blech, doch sind auch solche mit Wänden und Decke aus Holz oder Glas zu finden. Glasscheiben haben natürlich den Vorteil, daß das Arbeitsstück und die Wirkung des Spritzens sich besser beobachten lassen, freilich müssen sie einigermaßen sauber gehalten werden, und dürfen nicht, wie man es öfter sehen kann, zerschlagen oder herausgenommen sein, zuweilen werden die Innenwände der Spritzkästen noch mit Pappe belegt, die sich leicht auswechseln läßt und eine bequemere Beseitigung oder Wiedergewinnung der Lackkrusten ermöglicht. Die Form ist nicht immer kubisch, sondern oft sind die senkrechten Kanten und die Decke abgerundet, um störende Wirbelungen des Dampfluftgemisches, die das Heraustreten aus der Arbeitsöffnung erleichtern und die Absaugung erschweren, zu vermeiden. Aus gleichem Grunde läßt man bei verschiedenen Konstruktionen die Absaugung nicht nur in der Richtung des Spritzkegels an der Rückseite der Kammer, sondern auch in der Nähe der Arbeitsöffnung oben oder unten angreifen und erleichtert die Absaugung dadurch, daß man die Arbeitsöffnung durch seitlich verschiebbare Türen oder senkrecht verschiebbare Schutzfenster möglichst klein hält. Das Arbeitsstück selbst ruht häufig auf drehbaren Rosten, die zuweilen zu mehreren auf einem drehbaren Tisch unter gemeinsamer Schutzhaube angeordnet sind, so daß das Arbeitsstück nacheinander an verschiedenen Spritzstellen verschiedenartig gespritzt werden oder gleich auf dem Arbeitstisch unter Absaugung trocknen kann. Sehr zweckmäßig sind Spritz-Lackierautomaten, bei denen die zu spritzenden Stücke auf rotierenden Arbeitstischen befestigt oder auf feststehende Dorne gesteckt werden, während die Spritzpistole entweder fest an der Spritzkammer befestigt ist und durch die Bewegung des Arbeitsstückes in Tätigkeit tritt, oder in rotierende oder auf- und abgehende Bewegung gesetzt wird, um das feststehende zu spritzende Stück mit ihrem Spritzkegel ganz zu bestreichen. Der bedienende Arbeiter ist dabei der Verschmutzung durch Spritztröpfchen und der Einatmung der Dämpfe weniger ausgesetzt, da die Spritzkammer besser geschlossen gehalten werden kann, und der Arbeiter sich nicht dauernd vor der Bedienungsöffnung aufzuhalten braucht.

Für die Bemessung der Absaugung wird man im allgemeinen davon ausgehen können, daß auf 1 kg verspritzte Farblösung 25 cbm Dampf-Luft-Spritzgemisch und Raumluft abzusaugen sind, und zwar in demselben Zeitraume, in dem 1 kg Farbe verspritzt wird, d. h. abzüglich der Pausen. Es werden sich also für eine übliche Spritzpistole und eine gebräuchliche Spritzkammer etwa 150 cbm/St. ergeben; dabei soll eine Luftgeschwindigkeit von etwa 10—15 m/sek in der Absaugeleitung und 1,5 m/sek am Arbeitsplatz des Spritzers nicht überschritten werden. Zweckmäßig wird es sein, jede Kammer mit einem eigenen, mit einem Elektromotor direkt gekuppelten Ventilator auszurüsten. Um eine Verschmutzung des Ventilators und der Absaugeleitung durch mitgerissene Farbtröpfchen zu verhindern, wird durch ein durchlochtes Blech oder ein Geflechtgitter, die zwecks Reinigung herausnehmbar sind, abgesaugt, auch der Boden des Spritzkastens wird oft in dieser Weise ausgeführt; zuweilen wird auch noch in den vordersten Teil der Absaugung ein Farbsammler aus zickzackförmigen Blechen eingebaut, auch benetzte Raschigringe werden als Filter benutzt. Diese Filter können nach verschiedenen Patenten beweglich gestaltet werden, so daß sie zeitweise in Lösungsflüssigkeiten getaucht oder an Abkratzern vorbeigeführt und auf diese Weise wieder gereinigt werden können, ohne ausgebaut werden zu müssen. Während sich an den Wandungen der Absaugeleitung bei Verwendung von Zaponlacken trockene, leicht entfernbare Rückstände niederschlagen, setzen sich bei Verwendung von Öllacken feuchte, festhaftende Niederschläge fest. Beide Arten Rückstände sind äußerst leicht entzündbar und in Verbindung mit der Abluft explosiv. Die Gefahr wird wesentlich vergrößert, wenn die sonst leicht zu beseitigenden Zaponlackrückstände an den Ölniederschlägen haften. Man sollte deshalb für Zaponlack und Öllack getrennte Spritzkammern und Leitungen verwenden. Für Flächen, an denen sich Farb- oder Lackteilchen ansetzen können, scheint sich ein in Wasser angerührter Kreideanstrich bewährt zu haben, der das Abkratzen des Ansatzes erleichtert.

Vom Standpunkt der Gewerbehygiene und des Feuerschutzes ist es dringend notwendig, daß der Fußboden und die Wände des Arbeitsraumes, Ablegetische und andere Einrichtungsgegenstände frei von

Farbspritzern bleiben, insbesondere nicht zum Zielobjekt beim Ausprobieren und Anstellen der Spritzpistole gemacht werden. Sie sollten daher fugenlos, feuerhemmend und abwaschbar hergestellt werden. Ein wunder Punkt ist ferner die Arbeitskleidung des Spritzers. Die mit Lack bespritzte Kleidung ist äußerst leicht entzündbar; ein geeigneter Stoff, der die Farbspritzer nicht annimmt und die Lösungsmittel nicht aufsaugt, andererseits auch den Spritzer in seinen Bewegungen und in seinem Wärmeausgleich nicht hindert, ist bisher nicht gefunden. Asbestkleidung oder mit Wasserglas oder Cellon getränkte Kleidung ist wenig geeignet. Eine leicht abreißbare Lederschürze erscheint jedenfalls noch das beste. Das gleiche gilt für Schutzmanschetten an den Unterarmen und Handschuhe, wenn man auf solche nicht über-

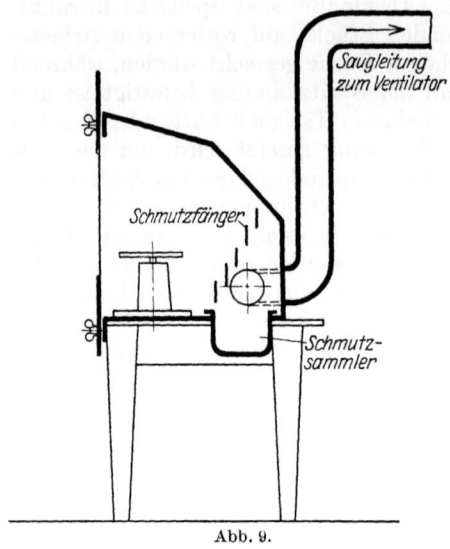

Abb. 9.

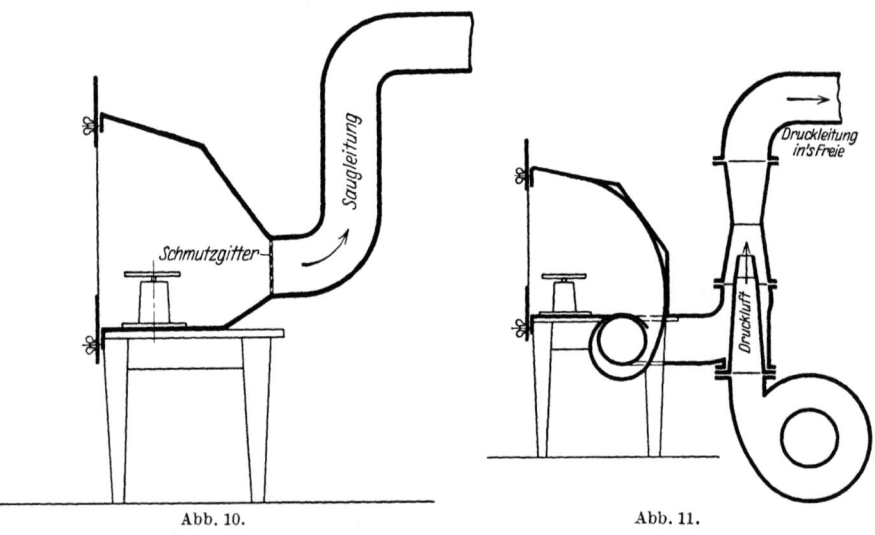

Abb. 10.   Abb. 11.

haupt verzichten will und einen etwa notwendigen Schutz gegen Hautreizungen durch die Lösungsmittel durch Einfetten zu erreichen sucht.

Einige Beispiele von Spritzanlagen zeigen die Abb. 9—11: Formen von Spritztischen, Spritzkammern und Absaugungen.

Spritzkästen mit Absaugung.

Abb. 12.

Abb. 13.

20 Spritzkästen mit Absaugung.

Abb. 12: Spritztisch der AEG mit mehreren Kammern; rotierende Roste für das Spritzgut auf einem drehbaren Tisch unter einer gemeinsamen Absaugung.

Abb. 14.

Abb. 13: Mehrere Glasspritzkästen mit Absaugung nach unten im hinteren Teil jedes Kastens (Danneberg & Quandt, Berlin).

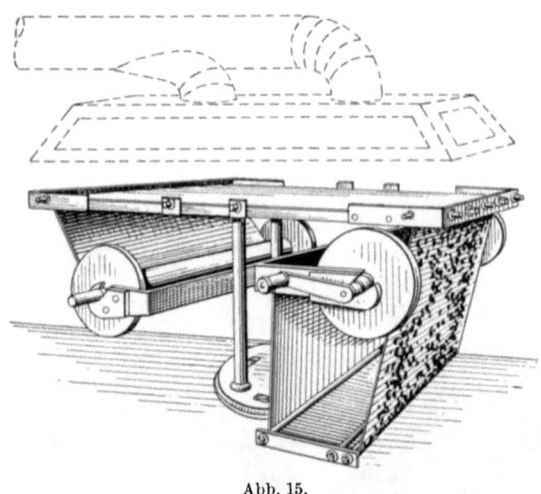

Abb. 14: Mehrere runde Blechkammern mit Schiebetüren, drehbaren Arbeitstischen, Absaugung nach unten und hinten (Turbon Ventilatoren und Apparatebau A.G., Berlin-Reinickendorf).

Abb. 15: Arbeitstisch zum Spritzen von Geweben mittels Schablone. Dunsthaube mit Absaugung über dem Tisch (Krautzberger & Co. GmbH., Holzhausen bei Leipzig).

Abb. 15.

Abb. 16: Automatische Faßspritzanlage mit Absaugung (Gebr. Pierburg AG., Berlin-Tempelhof).

Spritzkästen mit Absaugung. 21

Abb. 17: Drehbare Spritztrommeln für sperrige Stücke mit Absaugung an der Rückseite (Krautzberger & Co. GmbH., Holzhausen bei Leipzig).

Abb. 16

Abb. 17.

Abb. 18: Handautomat mit Absaugung durch das Drahtgewebe an Hand des Drehtisches, auf das die zu spritzenden Stücke gelegt oder gestellt werden. Der verstellbare Spritzapparat wird durch einen Handhebel in Tätigkeit gesetzt (Krautzberger & Co. GmbH., Holzhausen bei Leipzig).

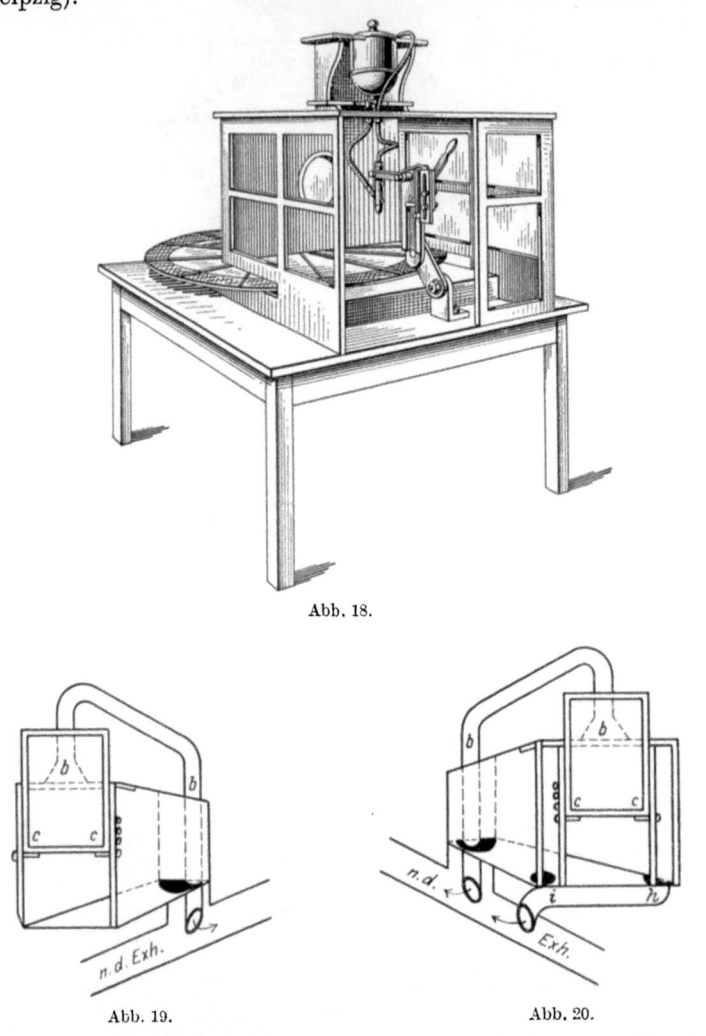

Abb. 18.

Abb. 19.   Abb. 20.

Abb. 19 und 20: Spritzkasten der Firma Karl Rein, Tillowitz (Schlesien) mit verschiebbarem Schutzblech oder Schutzfenster und Absaugung nicht nur im hinteren Teil der Spritzkammer, sondern auch in der Nähe der Spritzöffnung an der Decke oder an Decke und Boden.

Abb. 21: Spritzkammer für Möbelstücke mit Absaugung an zwei Seiten (Alexander Grube AG., Leipzig-Plagwitz).

Spritzkammern. 23

Schwierig gestaltet sich die Absaugung beim Spritzen großer Flächen, z. B. Eisenbahnwaggons oder sperriger Stücke, z. B. Karosserien (vgl.

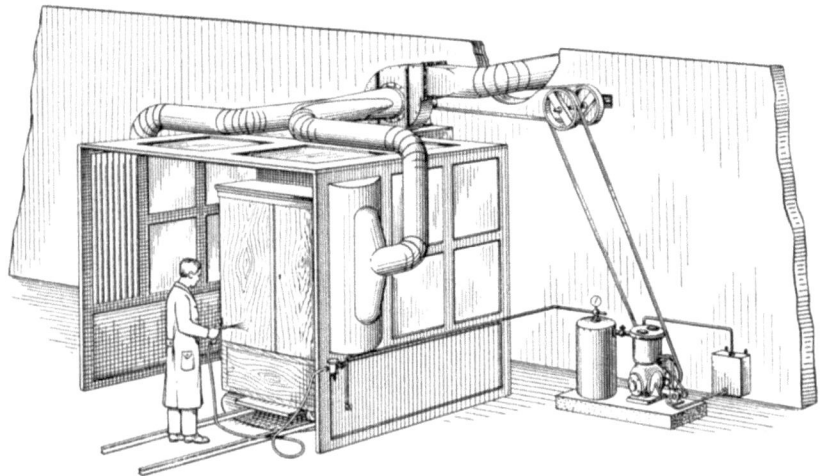

Abb. 21.

Abb. 22.

Abb. 22 [Helmbrecht & Knöllner GmbH., Leipzig-Schleußig], und 23 [Alexander Grube AG., Leipzig-Plagwitz], Abb. 24 [A. Krautzberger & Co. GmbH., Leipzig-Holzhausen]). Man hat besondere Kammern ge-

24 Spritzkammern.

baut derart, daß eine der Wände zur Luftzuführung dient, indem man
sie aus engmaschigem Drahtgewebe mit einem Spannstoffüberzug her-

Abb. 23.

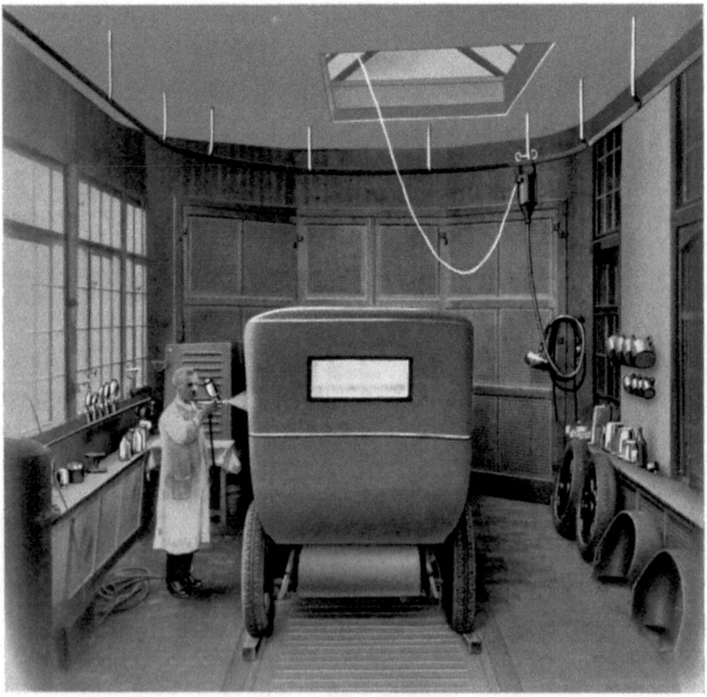

Abb. 24.

Spritzen von Kraftwagen. 25

stellt, während die Absaugung durch die gegenüberliegende Wand geführt ist. Bei großen, das ganze Arbeitsstück überspannenden Schutzhauben müssen zu große Luftmengen abgesaugt werden, so daß den Arbeiter störende und schädigende Luftströmungen entstehen und zu große Betriebskosten erwachsen, insbesondere bei notwendiger Lufterwärmung. Ohne Lufterwärmung aber würde zu starke Abkühlung und damit schlechte Trocknung des Lackes eintreten. Man versucht auch, Frischluft von der Decke her in die Kammer einzupressen, um so die Farbnebel stärker nach dem Boden der Kammer zu drücken und sie

Abb. 25.

dort abzusaugen. Dadurch, daß ein vielfaches des durch die Spritzpistole zugeführten Farbluftgemisches eingedrückt und abgesaugt wird, hofft man die Verunreinigung der abgesaugten Luft so gering zu halten, daß die Luft nach entsprechender Filterung wieder benutzt werden kann. In Karosseriefabriken, die Bandfließarbeit haben, wird in hintereinanderliegenden Tunnels, die an beiden Seiten Absaugung haben, mehrmals in unmittelbar aufeinanderfolgenden Arbeitsgängen gespritzt, getrocknet, geschliffen und wieder gespritzt. Die Versuche der Reichsbahnverwaltung in Verbindung mit Fachfirmen, Kammern mit Absaugung für Waggons zu schaffen, haben zu voll befriedigenden Ergebnissen noch nicht geführt. Man hilft sich zuweilen mit einem unter dem Eisenbahnwagen entlanggeführten, mit Schlitzen versehenen Absaugerohr, führt zu beiden Seiten der Wagen in Höhe des Wagendaches zwei Warmluftzuführungsrohre, ebenfalls mit Schlitzen versehen, vorbei und sucht, eine zwangläufige Bewegung der Warmluft an der Wagenwand entlang zum Absaugerohr durch Segeltuchwände, die im Abstand von

Abb. 26.

Abb. 27.

etwa 10—15 cm von der Waggonwand, wenigstens am unteren Teil des Waggons gespannt werden, zu erzielen. Versuche mit fahrbaren Saugvorrichtungen in Verbindung mit fahrbaren Spritzvorrichtungen oder für sich allein haben ebenfalls noch nicht befriedigt, doch besteht Aussicht, daß die eingeschlagenen Wege schließlich zu einem Erfolge führen werden. Vgl. Abb. 25, 26 (Alexander Grube AG., Leipzig-Plagwitz), 27 (Helmbrecht & Knöllner GmbH., Leipzig-Schleußig) und die Anordnung der Firma Heinrich C. Sommer-Düsseldorf, die in Abb. 28 dargestellt ist; sie führt die zu spritzenden Flächen an dem Arbeitsstand und der Absaugung vorbei, und zwar durch ein vom Standpunkt des Arbeiters aus bedienbares, elektrisch betriebenes Spill. Die Absaugung bei großen Spritzflächen wird erleichtert, wenn man statt des sonst üblichen Kegel- oder Ringspritzstrahls einen Flachspritzstrahl anwendet und in der Richtung nach der Absaugung hin spritzt.

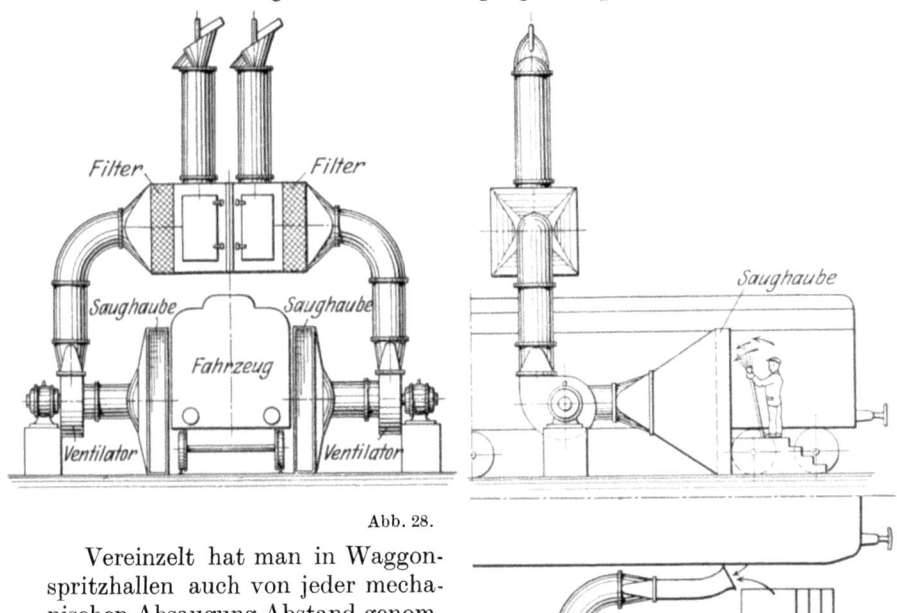

Abb. 28.

Vereinzelt hat man in Waggonspritzhallen auch von jeder mechanischen Absaugung Abstand genommen und begnügt sich mit Fenster- und Dachlüftung, der man bei ungünstiger Witterung durch eine Druckluftspritze nachhilft. Ohne Atemschutz des Spritzers geht es aber dabei nicht.

Ist aus irgendwelchen Gründen eine Absaugung nicht möglich, oder ist sie vorübergehend unterbrochen, aber auch neben der Absaugung beim Spritzen mit besonders schädlichen Stoffen empfiehlt sich die Verwendung von leichten Atemschutzgeräten, wie sie Abb. 29, Degea-Respirator der Deutschen Gasglühlicht-Auer-Akt.-Ges., zeigt. Dieses Gerät hat ein Filter, das als Schutz gegen die organischen Lösungsmitteldämpfe im wesentlichen aus aktivierter Holzkohle besteht und die festen Farbstaubpartikelchen mit Watte und Stoff abfängt. Die Verwendung eines Atemschützers neben gründlicher Absaugung ist ferner unbedingt erforderlich beim Spritzen der Innenwandungen von Dampfkesseln,

Tanks, Schiffskammern. Ob Augenschützer, Schutzhauben für die Haare, Schutzhelme angebracht sind, muß der Einzelfall ergeben. Bei allen diesen Schutzgeräten darf nicht vergessen werden, daß sie nur Notbehelfe sind und von den Arbeitern ungern getragen werden; sie eignen sich nur für kurzzeitige Benutzung, nicht aber zum Tragen während der ganzen Dauer der Arbeitszeit, es sei denn, daß der Gang der Arbeit regelmäßig längere Spritzpausen mit sich bringt.

Da beim Spritzen Druckluft vorhanden ist, liegt es nahe, sie für die Atmung nutzbar zu machen und die Atmungsfilter auszuschalten. Dies ist sowohl bei einer Sonderausführung des Degea-Geräts geschehen, wo die Druckluft mittels eines Abzweigschlauches von der Arbeitsleitung

Abb. 29.

dem Spritzer zugeführt wird, der an einem Leibgurt ein Verbindungsstück mit Regulierschraube trägt, von dem aus ein Gummischlauch zum Atemschützer geht (Abb. 30), als auch auf anderem Wege versucht worden. Man sucht von einem um den Kopf gelegten, an die Druckluftapparatur angeschlossenen Rohr, das mit feinen Düsen versehen ist, einen Luftschleier vor das Gesicht des Spritzers zu legen. Soll der Schleier das Durchdringen des Spritznebels und der Dämpfe wirksam verhindern, so muß er recht kräftig sein, die Luftbewegung und Abkühlung ist dann für das Auge unangenehm, auch manches Ohr empfindet die Bewegung und das Geräusch sehr lästig. Vielleicht ist eine Besserung zu erzielen, wenn man den Schleier von der Brusthöhe aus schräg nach oben bläst, allerdings wird dann das Gesichtsfeld gestört und der Schutz gegen von hinten anziehende Dämpfe erschwert. Zur Reinhaltung von Körper und Kleidung und bis zu einem gewissen Grade zur Erleichterung der Atmung dienen die von der Spritzpistole aus um den Spritzkegel gelegten Druckluftschleierkegel, die das Abprallen der Farbkörperchen von der Spritzfläche und die Nebelbildung wesentlich vermindern, die Verdunstung der Lösemittel aber natürlich nicht verhindern. Diese Geräte lassen sich zwangläufig gestalten, so daß beim Anlassen der Spritzpistole mit demselben Handgriff der Preßluftstrahl zur Bildung des Schutzkegels angestellt wird; sie werden sich besonders eignen bei Außenarbeiten, wo eine Absaugung fehlt, und da, wo die Farbkörperchen eine Gefahr für sich bilden, z. B. bei Verwendung von Bleifarben.

Erfolgt beim Tauchen oder Spritzen das Trocknen der Ware in Lackiertrockenöfen, so sind aus diesen die entwickelten Dämpfe natürlich auch abzusaugen, zweckmäßig auch die beim Öffnen der Öfen heraustretenden Dämpfe, wie Abb. 31 (AEG. Berlin) zeigt. Die Heizung der Öfen erfolgt hierbei durch Dampfröhren. Die Verwendung von Gasheizung ist, selbst wenn eine ordentliche Trennung der Heizgase von den Trockendämpfen vorgesehen ist, nicht unbedenklich; vgl. Abb. 26 (AEG. Berlin) eines durch Explosion zerstörten Lackierofens. Wenn auch die Feuer- und Explosionsgefährlichkeit der Öfen in der vorliegenden Arbeit erst in zweiter Linie zu berücksichtigen ist, so seien doch die für den Polizeibezirk Berlin als Grundlage dienenden Richtlinien für die Einrichtung und den Betrieb von Lackieröfen wörtlich angeführt (vgl. Anlage).

Abb. 30.

Daß auch alle übrigen Einrichtungen der Lackspritzereien der Explosions- und Feuersgefahr angepaßt sein müssen, ist selbstverständlich, z. B. die Beleuchtung, Motoren, Ventilatoren, Schalter, Feuerlöschvorrichtungen und Blitzschutz, doch wird man nicht in allen Fällen die Sicherheitsvorschriften des Verbandes deutscher Elektrotechniker für explosionsgefährliche Räume anzuwenden brauchen, sondern wird dies je nach den verwendeten Lacken und Lösungs- und Verdünnungsmitteln, nach der Lage und Stärke der Absaugung, der Raumaufteilung usw. von Fall zu Fall entscheiden müssen.

Die Abführung der über dem Tauchbad, aus Spritzkammern oder Trockenvorrichtungen abgesaugten Dämpfe erfolgt in den meisten Fällen unmittelbar ins Freie, nicht immer ohne Belästigung der Nachbarschaft,

30   Lacktrockenöfen.

da es nicht ganz einfach ist, die schweren Benzol- usw. Dämpfe so hoch über Dach zu führen, daß sie beim Herabsinken sich genügend verteilen. Die Wiederersetzung der abgesaugten Luft darf nicht außer acht gelassen werden. Ein einfaches Nachströmen von Frischluft durch Fenster und Türen wird zum mindesten in der kalten Jahreszeit vermieden werden müssen, da es nicht nur die Güte des Lacküberzuges beeinträchtigen, sondern auch die Arbeiter gesundheitlich schädigen kann. Bei merkbarem kalten Luftzug wird man die Frischluft daher vorwärmen, bei nennens-

Abb. 31.

werter Staubablagerung auf dem Lacküberzug auch vorher filtern. Eine starke Verdünnung der Raumluft mit Frischluft hat auch den Vorzug, daß die Gefahr der Bildung explosibler Gasluftgemische verringert wird. Die mit der abgesaugten Luft entweichende Wärme wird, abgesehen von der Wärmestrahlung der Saugleitung, selten ausgenutzt, da die Wiedereinführung der mitabgesaugten Warmluft in die Arbeitsräume eine Reinigung des Dampfluftgemisches von den schädlichen und stark riechenden Dämpfen voraussetzt, diese Reinigung aber meist mit Kondensation durch Kühlung arbeitet. Vom wirtschaftlichen Standpunkt wird

Wiedergewinnung von Lack-Lösungsmitteln. 31

es richtiger sein, das Hauptaugenmerk mehr auf die Wiedergewinnung der teuren Stoffe, wie Benzin, Amylacetat, Alkohol zu richten als auf die Ausnutzung der Wärme, solange ein Weg zur Vereinigung der beiden Ziele noch nicht gefunden ist. Allerdings muß zugegeben werden, daß die bisher bekannten und benutzten Verfahren zur Wiedergewinnung der Lösungsmittel aus dem Dampfluftgemisch nur für die größten Anlagen eine gewisse Wirtschaftlichkeit gewährleisten, es muß aber versucht werden, auch für die mittleren und kleineren Anlagen auf diesem Wege zu einem Ziele zu kommen.

Abb. 32.

Zur Rückgewinnung von Kohlenwasserstoffen, insbesondere von Benzin und Benzol, aus dem abgesaugten Dampfluftgemisch kann man verschiedene Wege eingeschlagen, z. B. das Waschölverfahren. Hochsiedende Mineralöle von etwa 200—300 ° Siedepunkt, die durch Einleiten von Dampf erwärmt werden, absorbieren Benzin- und Benzoldämpfe. Benzin und Benzol kann dann durch Erhitzen und Destillation wieder ausgeschieden werden. Neben dem mehr auf physikalischer Wirkung beruhenden Waschölverfahren werden neuerdings auch chemisch wirkende Waschabsorptionsverfahren angewandt, die auf der Bildung sogenannter Komplex- oder Molekülverbindungen beruhen, die sich später durch einfache Erwärmung wieder trennen lassen. Solche Absorptionsmittel sind z. B. Kresol für Aceton, Äther, Alkohol und die Hydronaphthaline für Benzin und Benzol. Ausgeführt werden die Anlagen von der Cheminova GmbH., Berlin SW 48. Eine gewöhnliche Berieselung mit Wasser genügt in der Regel bei Cellonlackdämpfen, die sich zu

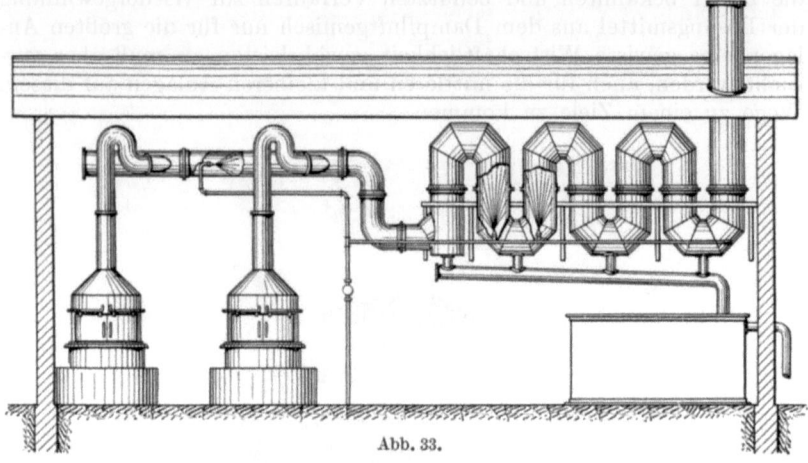

Abb. 33.

eigenartigen Fäden verdichten und niedergeschlagen werden können. Auf ähnlichen Gesetzen wie das Waschölverfahren beruht die Wiedergewinnung von Alkoholen aus Dämpfen durch konzentrierte Schwefelsäure. Auch die einfache Kondensation durch Abkühlung wird angewandt, doch werden auf diesem Wege nur etwa 40 bis 60 vH des verdunsteten Stoffes wieder gewonnen, wenn man nicht ganz tiefe Temperaturen, z. B. bei Benzol — 75°, bei Aceton — 105° anwenden will, was naturgemäß die Rückgewinnung unwirtschaftlich macht, insbesondere, wenn der Abdampf mit Luft stark verdünnt ist. Je höher siedend die Bestandteile sind, desto besser sind sie kondensierbar. Als Beispiel für Kondensationsanlagen kann die ursprünglich für die Lackherstellung konstruierte Sommersche Kondensationseinrichtung dienen, wie sie in Abb. 33 dargestellt ist. Eine Ausführung der Firma I. S. Fries Sohn in Frankfurt a. Main-Süd sucht durch Wirbelung der Dämpfe und innige Berührung mit den gekühlten Rohrwandungen die gleichen Erfolge zu erzielen. Wo eine starke Verdünnung des Ab-

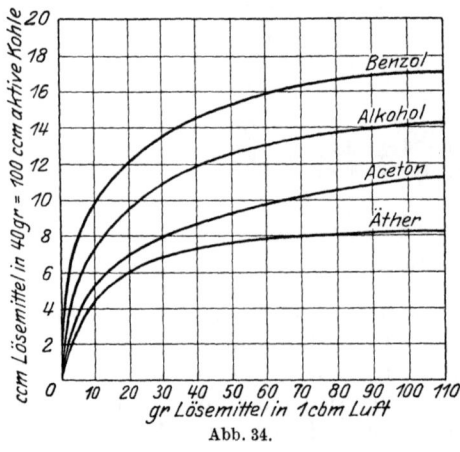

Abb. 34.

Wiedergewinnung von Lacklösungsmitteln. 33

dampfes nicht vorliegt, also etwa bei geschlossenen Streichmaschinen, kann naturgemäß ein besserer Wirkungsgrad erreicht werden. Auch Berieselung des Dampfluftgemisches in Kühltürmen mit Schamottefüllung ist versucht worden.

Ein anderes Verfahren ist das der Firma I. G. Farben-Industrie AG. Abt. Farbenfabriken vorm. Friedr. Bayer-Leverkusen durch DRP. 310092 geschützte, das auf der Fähigkeit einer leichten, feinkörnigen, offenbar mit einem Metallchlorid getränkten Kohle, Dämpfe organischer Lösungsmittel zu adsorbieren, beruht. Die Theorie dieses Verfahrens ist in einem Aufsatz von Dr. Ing. Carstens in der Zeitschrift für angewandte Chemie,

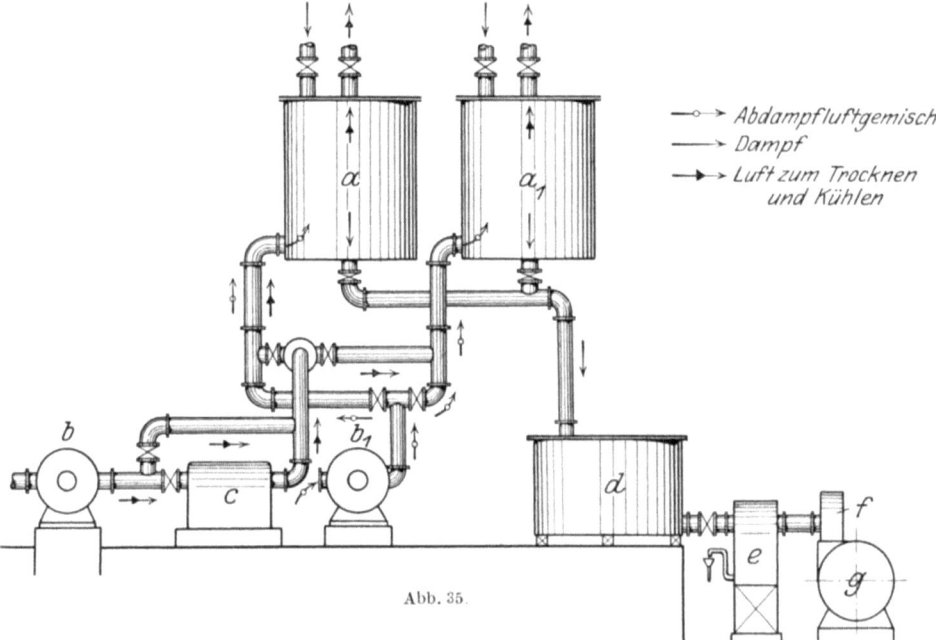

Abb. 35.

Jahrg. 34, Nr. 59, erläutert. Die Aufnahmefähigkeit der aktiven Kohle für Lösungsmitteldämpfe zeigt das Schaubild Abb. 34.

Eine von der Berlin-Anhaltischen Maschinenfabrik AG. gebaute, nach diesem Verfahren arbeitende Anlage stellt die Abb. 35 skizzenhaft dar. Nachdem das von dem Ventilator b in das Adsorptionsgefäß a gedrückte Dampfluftgemisch hier von der sogenannten Aktivkohle unter starker Wärmeentwicklung adsorbiert und der Sättigungsgrad der Kohle erreicht ist, wird auf den Ventilator b_1 und das Adsorptionsgefäß a_1 umgeschaltet, und die Aktivkohle im Gefäß a durch Einleiten von überhitztem Wasserdampf regeneriert. Das abdestillierte Lösungsmittel geht durch den Kühler d, das Scheidegefäß e, die Meßuhr f, in den Sammelbehälter g. Die regenerierte Kohle wird durch trockene Luft von 110 bis 120°, die der Winderhitzer c liefert, getrocknet und ist nach Abkühlung durch durchgeleitete kalte Luft wieder verwendbar. Eine ähnliche Anlage, bei der die Regenerierung der Kohle etwas anders vor sich geht, ist in Abb. 36 schematisch dargestellt. Nach dem a-Kohleverfahren werden bis zu 85 vH Lösungsmittel wiedergewonnen, doch ist die Wirksamkeit

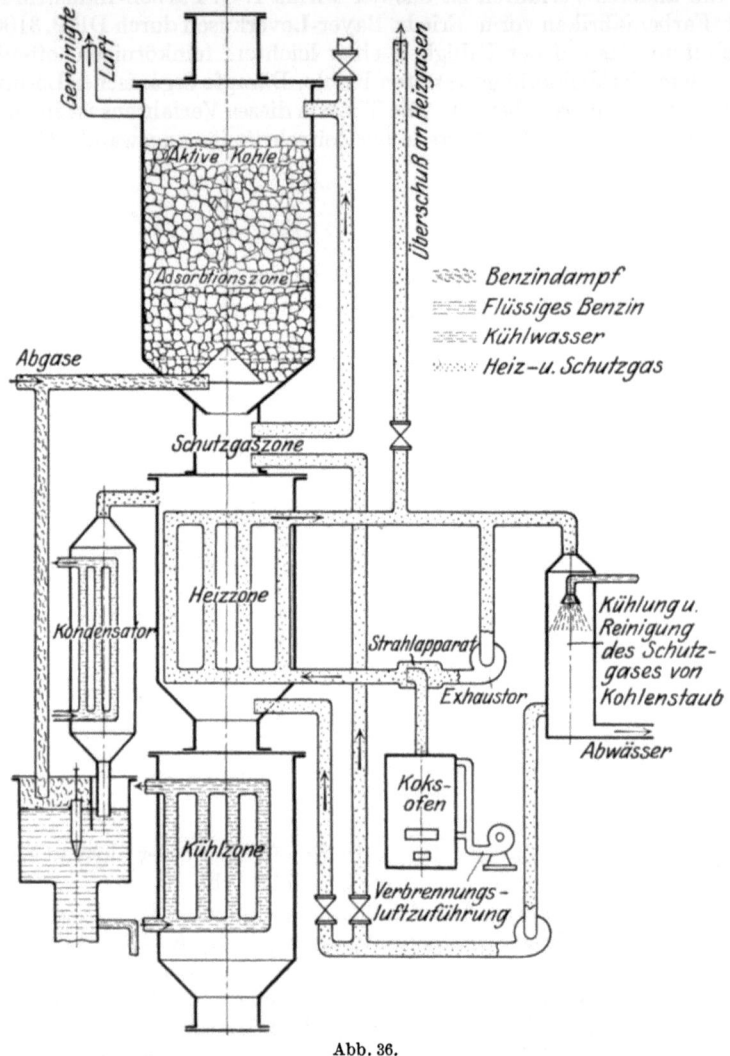

Abb. 36.

der Kohle sehr von etwaiger Verschmutzung durch mitgerissene Farbteilchen oder auch durch den Abtreibungsdampf oder die Kühlluft abhängig. Man rechnet pro Kilogramm Kohle 4 cbm Dampfluftgemisch pro Stunde und eine Durchtrittsgeschwindigkeit des Dampfluftgemisches von 0,2—0,25 m/sek. Der Dampfverbrauch beträgt etwa das Achtfache

Weitere Schutzmaßnahmen. 35

des wiedergewonnenen Lösungsmittels. Spezifisch schwere Flüssigkeiten erfordern kleinere Anlagen als leichte Flüssigkeiten. Je höher der Gehalt des Dampfluftgemisches an dem zu adsorbierenden Stoff ist, um so besser ist der Wirkungsgrad der Adsorption.

Ähnliche Verfahren zur Abscheidung wertvoller Bestandteile aus Gasluftgemischen benutzen statt der aktiven Kohle Aluminiumhydroxyd, kolloide Kieselsäure (Erzröstgesellschaft-Köln) oder ein ähnliches Produkt Silikagel (Silikagel-Gesellschaft, Berlin).

Versuche, die schädlichen Gase und Gerüche auf elektrischem Wege aus dem abgesaugten Luftstrom auszuscheiden, wie es mit Staub nach dem Cottrellverfahren geschieht, haben bisher noch zu keinem befriegenden Ergebnis geführt.

Aus den vorstehenden Darlegungen ergibt sich, daß eine hygienisch ausreichende Behebung der gesundheitlichen Gefahren des Tauch- und Spritzverfahrens, wenn sie für viele Fälle auch als gelöst betrachtet werden kann, in anderen doch noch technischen Schwierigkeiten begegnen wird. Die Verbesserungsfähigkeit mancher Maßnahmen in wirtschaftlicher Hinsicht braucht kein Grund gegen ihre Anwendung oder Anordnung zu sein, doch ist eine sorgfältige Anpassung der Einrichtung an die örtlichen und betrieblichen Verhältnisse durch Fachleute notwendig, ebenso natürlich Zuverlässigkeit, Vorsicht und Sauberkeit der Tauch- und Spritzlackierer und gegebenenfalls eine Auslese nach ihrer konstitutionellen und physiologischen Eignung. Der größte Wert aber muß darauf gelegt werden, daß Lack und Lösungsmittel bekannt oder ausprobiert sind und nicht, wie es leider häufig vorkommt, in ihrer Zusammensetzung ohne Verständigung des Verbrauchers plötzlich geändert werden. Notwendig ist es ferner, bei der Anlage oder Einrichtung einer Spritzerei auf ihre besonderen Gefahren Rücksicht zu nehmen. Wenn es auch zu weit geht, zu verlangen, daß Spritzereien nur im obersten Geschoß eines Gebäudes untergebracht werden dürfen, im untersten nur, wenn dieses keine Verbindung mit Treppenhäusern oder anderen Geschossen hat, so wird man doch auf sichere Rückzugswege der in der Spritzerei und anderen Räumen des Gebäudes beschäftigten Leute besonders bedacht sein müssen. Der Wirkung vorkommender Explosionen und Brände wird am besten durch möglichst weitgehende Unterteilung der Spritzerei in Einzelräume und in Abtrennung der Spritzerei von Trockenräumen und anderen Räumen begegnet. Auch die Absaugung und Entlüftung, Luftreinhaltung und Luftzuführung läßt sich dabei am besten regeln. Wenn beim Arbeiten am laufenden Band Spritz- und Trockenvorrichtung sich nicht voneinander und von anderen Arbeiten trennen lassen, wird man auf genügende Entfernung der Arbeitsplätze voneinander und von der Spritzstelle und der wärmestrahlenden Trockenvorrichtung bedacht sein müssen, ebenso auf besonders gute Absaugung über der Spritzstelle und aus der Trockenvorrichtung und auf gute Isolierung der Wandung der Trockenvorrichtung.

Bei der Vielseitigkeit des Tauch- und Spritzverfahrens und der verwendeten Stoffe sowie mit Rücksicht auf eine nach Möglichkeit nicht ge-

3*

hinderte technische Entwicklung der Verfahren ist in den meisten Industriestaaten von bindenden Verordnungen zur Regelung der Spritzarbeit abgesehen worden, die Verwaltungsbehörden haben sich mit Richtlinien begnügt, die in Einzelfällen Erleichterungen ermöglichen und in ungewöhnlich ungünstigen Fällen auch schärfere Maßnahmen nicht ausschließen. Nur wenige Länder haben gesetzliche Verordnungen erlassen, z. B. Westaustralien und einige Gliedstaaten der Vereinigten Staaten. Die letzteren haben sich dazu erst entschlossen, nachdem ein Kampf der Gewerkschaften gegen die Spritzarbeit vollständig fehlgeschlagen war und nur dazu geführt hatte, daß an Stelle der durchaus wünschenswerten Beschäftigung gelernter Lackierer mit den Spritzarbeiten ungelernte und unorganisierte Arbeitskräfte oft solcher Herkunft herangezogen wurden, daß an eine Beachtung hygienischer Grundsätze nicht zu denken war. In Amerika ist man über den Wert der Spritzarbeit wieder etwas geteilter Meinung geworden; während z. B. die Marineverwaltung für ihre Aufträge Spritzarbeit vorschreibt, sind verschiedene Eisenbahnverwaltungen wieder von der Spritzarbeit abgekommen und verbieten sie für ihre Aufträge.

Als Beispiel behördlicher Richtlinien sind im Anhang die von der bayrischen Regierung aufgestellten abgedruckt, sie werden im wesentlichen auch von anderen Ländern, z. B. Preußen und Württemberg, anerkannt.

Anhang 1.
Auszug aus der Verordnung des Reichsarbeitsministers zum Schutz gegen Bleivergiftung bei Anstricharbeiten, vom 27. V. 30 (RGBl. S. 183).

§ 5. Wenn bleihaltige Farben im Spritzverfahren verwendet werden, ist der Arbeitgeber verpflichtet, besondere Maßnahmen zum Schutze der Arbeiter zu treffen. Vor Einführung dieser Arbeitsweise, oder wenn sie nur gelegentlich verwendet wird, mindestens 3 Tage vor Inangriffnahme der einzelnen Arbeit ist dem Gewerbeaufsichtsbeamten Anzeige zu machen.

Anhang 2.
Merkblatt über die Gefahren bei der Verwendung leicht flüchtiger Spritzlacke.

1. Zaponlackspritzereien sind, wenn möglich, in erdgeschossige eigene Räume zu verlegen, die mit anderen Betriebsräumen, in denen sich offenes Feuer oder Feuerstätten befinden, weder durch Türen noch durch Fenster oder sonstige Öffnungen, wie Riemendurchlässe, in Verbindung stehen. Bei mehrstöckigen Betriebsgebäuden sind die Spritzräume in die obersten Stockwerke zu verlegen.

2. Die Fußböden der Spritzräume müssen glatt und fugenfrei sowie leicht abwaschbar sein.

3. Jeder Spritzraum muß mit mindestens zwei nach verschiedenen Seiten gelegenen Ausgängen versehen sein. Die Ausgänge sind deutlich sichtbar zu machen. Die Türen der Spritzräume müssen nach außen aufschlagen, feuerhemmend sein und selbsttätig schließen. Die Einrichtung von automatisch sich auslösenden Regenvorrichtungen, namentlich an den Ausgängen, ist zu empfehlen.

4. Die sämtlichen Verkehrswege sowohl innerhalb als außerhalb der Spritzräume dürfen nicht verstellt werden. In jedem Spritzraum müssen zu den Ausgangstüren Hauptverkehrswege von mindestens 1,2 m nutzbarer Breite freigelassen werden. Die von den einzelnen Spritzständen zu den Hauptgängen führenden Verkehrswege müssen genügend breit sein und auch im Falle der Feuergefahr leicht und sicher benutzbar sein.

Durch von Zeit zu Zeit zu wiederholenden sogenannten Feuerdrill sind die in den Räumen beschäftigten Personen über das zweckmäßigste Verhalten im Falle der Gefahr zu belehren.

5. Die **Fenster der Spritzräume dürfen nicht vergittert sein.** Jedes Fenster muß mindestens einen zu öffnenden Flügel von 0,8 mal 1,4 m aufweisen.

6. Spritzräume dürfen mit offenem Licht, brennender Zigarre, Pfeife oder dergleichen nicht betreten werden. Ein diesbezügliches Verbot ist an allen Zugängen sowie in den Spritzräumen selbst unter Hinweis auf die Feuers- und Explosionsgefahr in augenfälliger Weise anzubringen.

7. **Arbeiten irgendwelcher Art, bei denen durch Funken, Reibung, Gebrauch elektrisch angetriebener Werkzeuge oder auf sonstige Weise Entzündungsmöglichkeiten gegeben sind, dürfen während des Betriebes in den Lackspritzanlagen nicht ausgeführt werden.**

8. Die **künstliche Beleuchtung der Spritzräume** darf, entsprechend den Vorschriften des Verbandes deutscher Elektrotechniker für **explosionsgefährliche Betriebsstätten**, nur mittels Glühlampen erfolgen, deren Leuchtkörper luftdicht abgeschlossen sind. Sie müssen mit starken Überglocken, die auch die Fassung dicht einschließen, versehen sein.

Elektrische Maschinen, Transformatoren und Widerstände, desgleichen Ausschalter, Sicherungen, Steckkontakte und ähnliche Apparate, in denen betriebsmäßig Stromunterbrechung stattfindet, dürfen **innerhalb der Arbeitsräume nur dann verwendet werden, wenn für die besonderen Verhältnisse explosionssichere Bauarten bestehen.**

Festverlegte Leitungen sind nur in geschlossenen Rohren oder als Kabel zulässig.

9. **Die Beheizung der Spritzräume darf nur auf zentralem Wege** durch Dampf oder Wasser oder durch Kachelöfen, die innerhalb der Spritzräume von metallenen Außenteilen frei sind und von außen geheizt werden, erfolgen. Die Heizkörper und Heizrohre sind mit Schutzgittern oder engmaschigen Drahtnetzen so zu umgeben, daß ein Abstellen von Lackgefäßen oder Lösungsmitteln auf ihnen unmöglich ist.

10. **Trockenöfen**, in denen Dämpfe entstehen, die brennbar sind oder mit Luft explosionsfähige Gemenge bilden können, dürfen in Zaponierräumen **nur aufgestellt werden, wenn sie eine nach dem neuesten Stand der Wissenschaft explosionssichere Bauart aufweisen.** Ihre Heizung darf nur durch Dampf oder Warmwasser geschehen.

11. Die Spritzräume müssen eine ausreichende Höhe, für jede Person mindestens 15 cbm Luftraum und 3 qm Bodenfläche aufweisen.

12. **Die beim Spritzen entstehenden Lacknebel sind an der Spritzstelle derart abzusaugen, daß ein Austreten der Nebel in den Arbeitsraum sowie eine Belästigung der mit dem Spritzen beschäftigten Arbeiter hintangehalten wird.** Da die Herstellung derartiger Absauganlagen eingehender Überlegung, Erfahrung und Berechnung bedarf, empfiehlt es sich dringend, mit ihrer Herstellung nur Spezialfirmen zu beauftragen. Die Konstruktionen der

Spritzstände und der Absaugung müssen tote Stellen und Gassäcke, in denen sich explosible Gas-Luftgemische festsetzen können, völlig ausschließen. Die Rohrleitungen sind zu erden und so auszuführen, daß leicht entzündliche Ablagerungen in ihnen möglichst vermieden werden bzw. regelmäßig und leicht entfernt werden können. Die Rohrleitungen dürfen nicht in Kamine oder in der Nähe von Feuerstätten ausmünden.

Für Zuführung von Frischluft als Ersatz für die abgesaugte Luft ist hinreichend Sorge zu tragen.

Die vom Kompressor der Spritzanlage angesaugte Luft darf nicht dem Spritzraum entnommen werden.

13. Vorräte an Spritzlack dürfen im Spritzraum nur in Mengen bis zum halben Tagesbedarf aufbewahrt werden. Die Aufbewahrung hat in metallenen, gut geschlossenen Gefäßen zu geschehen. Kleinere Vorratsflaschen bis zu zwei Liter Inhalt aus Glas zum Auffüllen der Spritzpistolen müssen zum Schutz gegen Verdunstung mit metallenen Schutzkappen versehen und gegen Umfallen gesichert sein. Alle Vorratsflaschen haben den Aufdruck ,,Feuergefährlich" zu tragen.

14. Alle den halben Tagesbedarf übersteigenden Spritzlackvorräte sind entsprechend den besonderen gesetzlichen Vorschriften für die Lagerung feuergefährlicher Flüssigkeiten aufzubewahren.

15. Das Reinigen der Spritzstände von Lackrückständen darf nur mittels Spachtel aus Holz, Messing oder Kupfer erfolgen. Die abgekratzten Lackrückstände sind in verschlossenen metallenen Gefäßen zu sammeln und, soweit dieselben nicht an Lackfabriken zurückgegeben werden, in gefahrloser Weise zu vernichten. Die Verbrennung von Lackrückständen in Feuerungsanlagen ist verboten.

16. Für den Fall eines Brandes sind in nächster Nähe der Spritzräume zweckentsprechende Handfeuerlöscher sowie flammensichere Löschdecken in ausreichender Zahl bereitzuhalten.

Anhang 3.
Richtlinien für die Einrichtung, die Aufstellung und den Betrieb von Lackieröfen.

Unter Lackieröfen sind Einrichtungen zum Brennen und Trocknen von lackierten Gegenständen zu verstehen.

A. Aufstellung und Einrichtung.

1. Lackieröfen mit offenen Heizflammen dürfen in Arbeitsräumen, Spritzräumen u. dgl., in denen mit feuergefährlichen Flüssigkeiten und Stoffen gearbeitet wird, nur dann aufgestellt werden, wenn die Flüssigkeiten und Stoffe unter ausreichend wirkenden Dunstabzügen verwendet werden, wenn kein Arbeitsplatz in geringerem Abstand als 3 m von dem Ofen entfernt liegt und wenn die Öfen nachstehenden Richtlinien entsprechen.

2. Die Brenn- oder Trockenkammer im Lackierofen darf nicht durch offene Flammen, Feuergase oder glühende Stoffe sowie durch Aufstellung und Verwendung von feuerbeheizten Öfen oder elektrischen Heizeinrichtungen unmittelbar erwärmt werden. Ebensowenig dürfen die Feuerkammern und die Abzugswege der Feuergase mit dem Brenn- oder Trockenraum des Lackierofens und seinen Dunstabzugsrohren in Verbindung stehen. Wenn für besondere Zwecke, z. B. zur Erzielung des sogenannten Eisblumenmusters, die Einwirkung der Feuergase auf die lackierte Ware notwendig erscheint, ist ein Durchschlagen der Feuerungsflamme in den Trockenraum durch Davyssche Sicherheitssiebe zu verhindern. Diese sind so anzuordnen, daß Lacktropfen von der zu trocknenden Ware nicht auf sie fallen können. Befindet sich die Beschickungs- oder Bedienungsöffnung der Feuerung im Aufstellungsraum des Lackierofens, so sind diese Öffnungen und die Brenn- oder Trockenkammertüren tunlichst an entgegengesetzten Ofenseiten anzuordnen, ferner möglichst abgelegen von Arbeitsstellen (Tauch- oder Spritzstellen usw.). Enthält der benutzte Lack als Lösungs- oder Verdünnungsmittel Benzin, Benzol und ähnliche Stoffe, die mit der Luft explosible Gas-Luftgemische bilden können, so ist die Feuerung des Trockenofens außerhalb des Arbeitsraumes anzuordnen.

3. Die Abführung der beim Brennen und Trocknen entstehenden Dämpfe ist durch Vermeidung wagerechter Decken, genügend weite Abzugsrohre an höchster Stelle der Decke und Zuführung von Frischluft am Boden der Brenn- oder Trockenkammer zu sichern. Sofern sich die Türen des Trockenraumes nicht durch leichten Überdruck im Innern selbsttätig öffnen, sind in der Decke Explosionsklappen mit möglichst großem Querschnitt anzubringen.

4. Wird der Lackierofen durch Anwendung von Gebläse oder Preßgas so beheizt, daß eine örtliche Überhitzung des inneren Ofenbodens eintreten kann, so ist dieser gut isoliert oder doppelwandig auszuführen. Falls die Temperatur in der Brenn- oder Trockenkammer 160 Grad überschreitet, sind entweder besondere Tropfenfänger aus Aluminium anzuordnen oder der Fußboden der Kammer ist aus Aluminium zu fertigen.

5. Bei Verwendung gasförmiger Heizstoffe ist in ihren Zuleitungen außer dem Hauptabsperrhahn noch an jedem Brenner oder Brennerrohr ein besonderer Absperrhahn anzubringen. Die Stellung jedes Hahnes, ob offen oder geschlossen, muß ohne weiteres erkennbar sein. Die Gasflammen müssen von außen durch kleine Schaulöcher mit Glas- oder Glimmerscheiben beobachtet werden können.

6. Die Verbrennungsluft für den Feuerungsraum, die Heizgase und die Trocknungsabgase müssen so geführt werden, daß explosionsgefährliche Gasansammlungen (Gassäcke) nirgends entstehen können. Hindernisse in den Abzugsleitungen und Senkungen der Leitungen müssen deshalb vermieden werden.

7. Etwaige Drosselklappen oder Schieber in den Ableitungen der Abgase aus dem Trockenraum sollen die Abzugsleitungen nicht gänzlich

absperren, mindestens $^1/_5$ des Querschnitts der Abzugsleitungen soll stets wirksam bleiben. Klappen oder Schieber, die in dem in Ziffer 2, Satz 3 vorgesehenen Fall die wechselweise Abführung der Feuerungsgase unmittelbar in den Abzug oder in den Trockenraum gestatten, sind zwangläufig anzuordnen, so daß beim Schließen des einen Weges der andere geöffnet wird.

8. Die Abführung der Heiz- oder Trockenabgase nach Schornsteinen ist nur dann zulässig, wenn die Schornsteine keine Verbindung mit Feuerstätten oder benachbarten Arbeitsräumen haben.

9. Der Wärmegrad im Trockenraum muß von außen in einem zulässigen Wärmemesser ohne weiteres abzulesen sein.

10. Auf brennbarer Unterfläche dürfen Lackieröfen nur aufgestellt werden, wenn das Inbrandgeraten des Fußbodens durch eine genügende Isolierschicht, z. B. Ziegelflachschicht oder starker Betonbelag auf Eisenblech, verhindert wird. Die Isolierschicht muß die Grundfläche des Ofens allseitig um mindestens 25 cm überragen. Die Isolierschicht ist entbehrlich, wenn zwischen Fußboden und Ofenboden ein Luftraum von mindestens 30 cm Höhe vorhanden ist.

11. Durch die mechanische Dunstbeseitigung beim Verwenden feuergefährlicher Flüssigkeiten und Stoffe im Aufstellungsraum des Lackierofens darf der Abzug von Dünsten und Heizgasen aus dem Lackierofen nicht beeinträchtigt werden, nötigenfalls ist den Arbeitsräumen zum Ausgleich genügend Frischluft zuzuführen.

B. Betriebsregel.

1. Rauchen und Umgehen mit offener Flamme ist in Räumen, in denen feuergefährliche Flüssigkeiten oder Stoffe verarbeitet oder aufbewahrt werden, durch Anschlag zu verbieten.

2. In jedem Betriebsraum mit Lacktrockenanlage soll an feuergefährlichen Flüssigkeiten nicht mehr als der Tagesbedarf vorhanden sein. Größere Mengen müssen nach den bestehenden Vorschriften gelagert werden.

3. Das Umfüllen in die Handgefäße darf nur an von der Trockenanlage genügend weit entfernten Stellen geschehen. Erforderlichenfalls ist das Umfüllen in einem Nebenraum ohne offene Flamme vorzunehmen. Die Handgefäße müssen gegen leichtes Umfallen durch ihre Form geschützt sein.

4. Jedes Spritzen, Lackieren und Probieren der Spritzvorrichtungen muß innerhalb oder unterhalb der Dunstabzüge erfolgen.

5. Lacktrockenanlagen dürfen nur durch besonders bestimmte und mit der Handhabung genau vertraute Personen bedient werden; sie haben darüber zu wachen, daß die Anlage dauernd in gutem Zustand erhalten wird, und daß an keiner Stelle Verbrennungsgase und Lackdämpfe durch Risse, Fugen oder dergleichen unmittelbar miteinander in Verbindung treten können.

6. Bei Verwendung von Tauchlacken muß die getauchte Ware über einem Abtropfgefäß angemessene Zeit abtropfen. Vor dem Einbringen

in die Trockenanlage sind dicker abgesetzter Lack oder Lacktropfen an den tiefsten Stellen mittels Pinsels anzutupfen. Ein Nachtropfen im Ofen muß möglichst vermieden werden.

7. Jedes Anwärmen von Lacken in oder auf den Lacktrockenanlagen muß unterbleiben. Ein etwa nötiges Vorwärmen darf nur im Wasserbade erfolgen.

8. An gasbeheizten Trockenanlagen oder in deren Nähe sind folgende Regeln dauerhaft anzuschlagen:

a) Ein Wiederanzünden der Flammen darf erst nach genügend langer, gründlicher Entlüftung der Trockenanlage durch Öffnen der Gas- und Dunstabzüge erfolgen.

b) Vor dem Anzünden der Gasflamme sich überzeugen, daß alle Gashähne geschlossen waren.

c) Erst Zündflamme an den Brenner halten, dann Gashahn öffnen! Flammen beobachten!

d) Während des Anheizens beide Abzüge offen lassen!

e) Falls die Flammen nicht ruhig brennen, Gasabzug mehr öffnen!

f) Sind Flammen erloschen oder entwickeln sich in der Umgegend größere Mengen von Gasen und Dämpfen, sofort alle Gashähne schließen, sämtliche Abzugsklappen, Türen und Fenster öffnen!

g) Nach Arbeitsschluß Ofenhähne und Hauptgashähne schließen.

9. Bei Heißwasserbeheizung, ähnlich der Beheizung der Dampfbacköfen, sind folgende Regeln zu beachten:

a) Bei künstlichem oder natürlichem starken Zug langsam anheizen!

b) Niemals soviel Brennstoff aufwerfen, daß sich seine Oberfläche der untersten Rohrlage nähert oder sie berührt!

c) Die Temperatur von 300° C bzw. den vom Fabrikanten angegebenen höchsten Dampfdruck in den Rohren nicht überschreiten!

d) Die Heizenden der Rohre mindestens einmal wöchentlich von Flugasche reinigen!

e) Die Heizenden der Rohre bei jeder Betriebsunterbrechung auf ihren Zustand (starke Abzunderungen, Ausbeulungen, Risse) nachprüfen.

f) Rohre, die stark abgebrannt sind, Ausbeulungen oder Risse aufweisen, sind auszuwechseln oder derart anzubohren, daß der Wasserinhalt ausläuft.

g) Das Mauerwerk der Rohrwände stets in seiner ursprünglichen Stärke erhalten, damit keine Vergrößerung der Heizfläche der Rohrenden eintritt.

Anhang 4.
Zwei Sachverständigengutachten.

(In einer Sitzung des Technischen Ausschusses der Deutschen Gesellschaft für Gewerbehygiene vom 16. September 1926, die sich mit dem Thema „Tauch- und Spritzlackieren" befaßte, machten die als Sachverständige eingeladenen Herren Dr. Ing. Nettmann, Köln, und Dr. Prillwitz, Ludwigshafen, Ausführungen, die wir nach dem Protokoll der Sitzung nachstehend veröffentlichen.)

Dr. Ing. Paul Nettmann, Köln:

Der deutsche Verband für die Materialprüfungen der Technik (DVM) hat beim VDI die Gründung eines Ausschusses für Anstreichtechnik beantragt. Der VDI hat diesem Ersuchen stattgegeben; Herr Oberregierungsbaurat Schulze, Eisenbahnzentralamt Berlin, ist zum Obmann bestellt. Die Bearbeitung der chemisch-physikalischen Eigenschaften der Farben und Lacke ist Herrn Professor Dr. Eibner, Vorstand der Versuchsanstalt für Maltechnik der Technischen Hochschule München übertragen. Die Gruppe „Arbeitsverfahren", umfassend Flächenvorbereitung, Spritz- und Anstreichgerät, Heizung und Lüftung, wird von mir bearbeitet.

Zu dem Thema „Beseitigung von Dünsten beim Tauchlack- und Spritzlackverfahren" ist zu differenzieren zwischen Dünsten und Nebeln. Während der Dunst meistens von Dämpfen herrührt, die die entsprechenden Flüssigkeiten abgeben, ist beim Nebel charakteristisch, daß ein Gas, in diesem Falle Luft, fein zerstäubte Flüssigkeitsteilchen in der Schwebe hält.

Der grundlegende Nachteil beim Farbspritzverfahren ist der, daß Druckluft zum Träger der Farbe gemacht wird; der Mechanismus der Farbübertragung ist also der, daß die Farbe durch Druckluft an einer Düse zerstäubt wird und die Farbteilchen, durch die Druckluft beschleunigt, auf der Fläche auftreffen. Geschähe das Spritzen impulsartig, d. h. so, daß die Strömung aus der Ruhe plötzlich erzeugt und wieder abgebrochen würde, so könnten Nebel nicht entstehen. Bei dem fortlaufenden Spritzen tritt dagegen die Wirbelablösung bzw. Nebelbildung im Verzögerungsgebiet, nämlich der umgebenden Luft, ein. Diese Vorgänge bedürfen noch der eingehenden wissenschaftlichen Untersuchung. Findet man sich mit diesem Zustand vorläufig ab, so ist für die gute Entfernung der Nebel unbedingt erforderlich, zu untersuchen, wie sich die Einbringung von Saugkörpern in die Spritzzone auswirkt.

Diese Untersuchung ist besonders wichtig für den Entwurf von Ventilationsanlagen für die Farbenspritzereien. Im allgemeinen ist zu sagen, daß die Nebel am Ort der Entstehung sofort erfaßt werden müssen; sind die Nebel erst einmal außerhalb der Erfassungszone, so sind sie mit keinem Mittel mehr einzufangen, es sei denn, daß man eine zweite Ventilation einrichtet, die dann nur störend auf die Spritzanlage einwirken würde.

Es ist zur Zeit eine Spritzkabine im Bau, bei der der Versuch gemacht wird, durch zwei Ventilatoren mit einer Leistung von je 75 cbm/Min. Luft von der Decke her durch ein Tuch zu pressen und so die Farbnebel nach dem Boden der Kabine abzudrücken; hier werden sie durch einen Exhaustor von etwa 200 cbm/Min. abgesaugt. Die abgesaugte Luft wird durch Umlenkung und Raschig-Ringe von den Farbteilchen gereinigt.

Es ist in Aussicht genommen, diese Luft dem Arbeitsraum wieder zuzuführen. Hierin liegt überhaupt der Angelpunkt des ganzen Problems. Die Absaugung der Farbnebel verlangt die Bewegung großer

Luftmengen. Ist die Luft, wie im Winter, erwärmt, so muß die entfernte Wärmemenge wieder herbeigeschafft werden. Es ist möglich, daß die Kosten für die Wärmebeschaffung die durch das Spritzverfahren erzielten Ersparnisse bei weitem **übersteigen**, so daß statt eines wirtschaftlichen Nutzens noch ein Verlust eintritt. Es kann deshalb nicht genügend betont werden, daß, sofern wir uns mit den heutigen Zuständen abfinden, Wege gefunden werden müssen, um den **Wärmeverlust zu vermeiden** bzw. wieder wett zu machen, ohne daß Verluste eintreten. Der einfachste Weg ist, die abgesaugte Luft so zu reinigen, daß sie wieder **eingeatmet** werden kann.

Wo die Mittel zum Bau von Absaugeanlagen fehlen bzw. der Arbeitsvorgang deren Anbringung verhindert, sind **Respiratoren** am Platze. Die besten sind mit einer **pneumatischen Abdichtung** versehen und werden mit $1/10$ Atm. gereinigter Druckluft gespeist, so daß der Arbeiter **stets kühlende und frische Luft einatmet.**

Soweit zum heutigen Stand des Farbspritzverfahrens.

Neuere Bestrebungen gehen dahin, das Übel der Nebelbildung bei der Wurzel zu fassen, nämlich die Verwendung von Druckluft möglichst zu vermindern. Es eröffnen sich hier zwei Wege: Der eine zielt auf die Herabminderung des Spritzdruckes und eine Erhöhung der Niederdruckluftmenge hin, der zweite Weg zielt auf die Abschaffung der Druckluft, wodurch der Idealzustand des **kompressorlosen Spritzens** geschaffen würde.

Gerade die Notwendigkeit, Druckluft zu verwenden, hat das Farbspritzverfahren und das ihm verwandte Metallspritzverfahren in seiner Entwicklung gehemmt, da die kleineren Betriebe vor den Anschaffungskosten einer Druckluftanlage zurückschreckten. Der Ersatz der Druckluftanlage durch Kohlensäure- oder Luftdruckflaschen ist vollständig ungenügend. Es ist nicht zu verkennen, daß wir heute an der Schwelle einer **beispiellosen Entwicklung** auf diesem Gebiete stehen. Es ist daher nur zu begrüßen, wenn von allen Seiten die Probleme, die sich hier bieten, bearbeitet werden und ein Erfahrungsaustausch stattfindet, der der Gesamtheit zum Nutzen gereicht.

Dr. **Hans Prillwitz,** Ludwigshafen:

Die Herstellung und Verwendung von Zelluloselacken, insbesondere Nitrozelluloselacken, nehmen einen stetig wachsenden Umfang an. Als Erzeuger und Verbraucher steht Amerika heute noch an erster Stelle. Doch auch in Deutschland und den übrigen Ländern Europas beginnt man sich mit dieser Frage ernsthaft zu beschäftigen.

Hand in Hand mit der Einführung des neuen Lackmaterials muß hierbei naturgemäß mit Rücksicht auf die spezielle Eigenart desselben eine neue Arbeitstechnik sich entwickeln, und so hat bereits heute das Tauchbad, und ganz besonders die Spritzpistole, bei den meisten Verwendungsgebieten das alte Anstreichen mit dem Pinsel verdrängt.

Besonders in der metall- und holzverarbeitenden Industrie (insbesondere Fahrzeug- bzw. Möbel- und Pianoforteindustrie) beginnen sich die Nitrozelluloselacke und ihre Verarbeitung mittels der Spritzpistole gegenüber der alten Öltechnik durchzusetzen.

Hierbei ergibt sich die Frage, ob bei dieser relativ schnell sich vollziehenden Entwicklung die beteiligten Industrien in der Lage sind, den veränderten Verhältnissen Rechnung tragend, die nötigen gewerbehygienischen Maßnahmen bei Verarbeitung der neuen Materialien zu gewährleisten. Letzteres wäre nach folgenden Gesichtspunkten zu untersuchen:

1. Wie sind die neuen Lacke zusammengesetzt und welche Gefahren bedeuten diese für die Verarbeiter.

2. Welche Nachteile sind mit der durch die Eigenart der neuen Lacke bedingten Arbeitsweise verknüpft, und wie wird diesen der heutige Stand der Technik gerecht.

3. Welche Aufgaben sind noch zu lösen, um das neue Lackmaterial ohne jede Schädigung der Ausführenden wirtschaftlich verarbeiten zu können.

Die Grundsubstanzen des neuen Lackmaterials sind Zelluloseester und -äther, insbesondere Nitrozellulose, die im Verein mit geeigneten Weichhaltungsmitteln, eventuell auch unter Zusatz von Harzen, zur Verwendung gelangen. Die Nitrozellulose ist völlig unschädlich und erfordert in hygienischer Beziehung bei ihrer Verarbeitung keine besonderen Maßnahmen. Das gleiche gilt auch für die Weichhaltungsmittel, von denen die gebräuchlichsten von der I. G. Farbenindustrie Aktiengesellschaft hergestellt und vertrieben werden, und die von dieser auf eventuell vorhandene physiologische Nebenwirkungen eingehend geprüft worden sind.

Als Lösungsmittel für die Nitrozellulose kommen hauptsächlich in Betracht Ester und Äther der aliphatischen Alkohole und auch einzelne Ketone. Auch diese Produkte werden größtenteils den Lackfabriken von der I. G. Farbenindustrie Aktiengesellschaft geliefert, und ihre Unschädlichkeit wurde durch umfassende Untersuchungen festgestellt.

Die mit ihrer Hilfe hergestellten Lacke, die außerdem als Verschnittmittel neben höheren Alkoholen, wie Butanol, hauptsächlich Kohlenwasserstoffe enthalten, können daher als solche keineswegs als gesundheitsschädlich angesehen werden. Hierbei ist jedoch folgendes zu beachten:

Sowohl die genannten Lösungsmittel, wie auch die als Verschnittmittel angeführten Kohlenwasserstoffe sind außerordentlich gute Fettlöser. Bei längerer Berührung mit der menschlichen Haut wird daher eine starke Entfettung derselben bewirkt, wodurch das Eindringen von Bakterien außerordentlich erleichtert wird, bzw. die Talgdrüsen selbst angegriffen werden können.

Die Hautekzeme, die wiederholt bei Arbeitern beobachtet wurden, die mit Zelluloselacken zu tun hatten, sind daher nicht auf die Schädlichkeit der Lacke selbst, sondern auf die fettentziehende Eigenschaft der Lösungs- bzw. Verschnittmittel zurückzuführen, die zu ihrer Herstellung benutzt werden. Durch gutes Einfetten der Hände vor und nach der Arbeit mit Lanolin oder Wollwachs kann letzteres mit Sicherheit vermieden werden, so daß unter Beachtung dieser Vorsichtsmaßregel das

Tragen von Handschuhen überflüssig wird und eventuell sogar schädlich ist, da letztere leicht die Quelle neuer Infektionen werden können.

Jeder Betrieb, der Zelluloselacke verarbeitet, sollte daher seinen Arbeitern das Einfetten der Hände vorschreiben und verpflichtet sein, das nötige Material zur Verfügung zu stellen.

Die Zusammensetzung des neuen Lackmaterials bringt es mit sich, daß sich bei seiner Verarbeitung schon bei gewöhnlicher Raumtemperatur Dämpfe bilden, die — in größerer Menge eingeatmet — gesundheitsschädliche Störungen hervorrufen können. Letzteres ist besonders beim Spritzverfahren der Fall, wo durchschnittlich mit einem Druck von 2 bis 3 Atm. die Lacke zerstäubt auf die zu lackierende Fläche aufgebracht werden. Wenn auch, wie vorhin erwähnt, die einzelnen Bestandteile des Lackes an sich keinerlei physiologische Nebenwirkungen auszulösen vermögen, so soll doch im Interesse der Arbeiter die Einatmung größerer Mengen Lösungs- und Verdünnungsmittel unbedingt vermieden werden. Zur Beseitigung der beim Spritzen entstehenden Lacknebel sind daher entsprechend gebaute Entlüftungsanlagen notwendig, die den Arbeiter vor Berührung mit diesen Nebeln schützen. Man führt im allgemeinen je nach der Größe der zu lackierenden Gegenstände die Lackierung in einer Spritzkammer aus, die von einem gut wirkenden Ventilator entlüftet wird. Maßgebend für eine restlose Beseitigung der Spritznebel ist einerseits die Gestaltung der Spritzkammer selbst, andererseits die Leistung des Ventilators. Bei einer normal wirkenden Spritzanlage soll dieser in der Lage sein, mindestens das Vier- bis Fünffache des Luftquantums des die Spritzkammer enthaltenden Arbeitsraumes pro Stunde zu bewältigen. Die Spritzkammer selbst ist so anzuordnen, daß darin keine toten Ecken entstehen, und beim Arbeiten sofort der gesamte Farbnebel entfernt wird. Das Eindringen des letzteren in die Ventilationsrohre muß durch geeignete Prallbleche, die vor dem Abzugsrohr der Spritzkammer anzubringen sind, verhindert werden, und die Leistung des Ventilators darf unter den oben angegebenen Wert nicht sinken, um die Bildung explosiver Gemische in den Abzugsrohren zu verhindern.

Die zur Zeit von verschiedenen Firmen gelieferten Entlüftungsanlagen können im allgemeinen, sofern von der Betriebsleitung für richtige Benutzung und Instandhaltung Sorge getragen wird, als durchaus zureichend angesehen werden.

Als eine der wichtigsten Fragen für die gesamte Spritztechnik erscheint die Wiederverwendung der durch den Ventilator abgesaugten Luft des Arbeitsraumes, besonders im Winter, da sonst die Gefahr besteht, daß von den Arbeitern die Entlüftungsanlage abgestellt oder in ihrer Wirkung verringert wird, um die Wärme des Arbeitsraumes zu erhalten. Für letztere Frage ist bisher eine wirtschaftliche Lösung noch nicht gefunden worden, und dieselbe müßte vor allen Dingen von den Herstellern von Spritzanlagen eingehend mit Berücksichtigung der Praxis geprüft werden. Man hat bereits verschiedene Versuche unternommen, die Spritzluft durch trockene oder flüssige Filteranlagen zu säubern und wieder in den Arbeitsraum zurückzuführen, oder demselben erwärmte Frischluft zuzuführen, ohne jedoch zu einem wirtschaftlich befriedigenden Ergebnis gelangt zu sein. Letztere Frage ist besonders wichtig für Großanlagen, wie sie bei der Lackierung von Waggons- und Serienbearbeitung von Autokarosserien in Frage kommen.

Die bereits geschilderte Zerstäubung des Lackmaterials mittels der Spritzpistole mit Hilfe von Druckluft bedingt naturgemäß einerseits eine außerordentlich starke Vernebelung, der die Entlüftungsverhältnisse anzupassen sind, andererseits eine Druckluftanlage, die in den meisten Fällen stationär sein muß, und bei transportablen Anlagen eine starke Behinderung der Beweglichkeit mit sich bringt.

Man ist daher heute an der Arbeit, Spritzanlagen zu schaffen, die auf hochgespannte Druckluft nicht mehr angewiesen sind und dadurch einerseits das Entstehen der lästigen Lacknebel einschränken, andererseits leicht transportabel sind und dadurch auch dem Baugewerbe ermöglichen, nach der neuen Technik zu arbeiten. Inwieweit diese neuesten Bestrebungen in der Lage sind, die heute noch notwendigen, teuren Entlüftungsanlagen wirtschaftlicher zu gestalten und damit auch das Spritzverfahren einer größeren Allgemeinheit zuzuführen, muß abgewartet werden.

Verlag von Julius Springer / Berlin

Schriften aus dem Gesamtgebiet der Gewerbehygiene.
Herausgegeben von der Deutschen Gesellschaft für Gewerbehygiene in Frankfurt a. M., Platz der Republik 49. Neue Folge.

Heft 4: **Die Bekämpfung der Milzbrandgefahr in gewerblichen Betrieben.** Von Dr. **O. Borgmann,** Regierungs- und Gewerberat, Schleswig, und Dr. **R. Fischer,** Regierungs- und Gewerberat, Potsdam. III, 47 Seiten. 1914. RM 1.80

Heft 5: **Die Frühdiagnose der Bleivergiftung.** Drei Referate von Dr. **L. Teleky,** Wien, Dr. **H. Gerbis,** Thorn, Professor Dr. **P. Schmidt,** Halle a. d. S. VI, 65 Seiten. 1919. RM 2.30

Heft 6: **Die Meldepflicht der Berufskrankheiten.** Eine Umfrage, bearbeitet von Dr. **E. Francke,** Frankfurt a. M., und Sanitätsrat Dr. **Bachfeld,** Offenbach. 52 Seiten. 1921. RM 1.60

Heft 7, I. Teil: **Bleivergiftung und Bleiaufnahme.** Ihre Symptomatologie, Pathologie und Verhütung mit besonderer Berücksichtigung ihrer gewerblichen Entstehung und Darstellung der wichtigsten gefahrbringenden Verrichtungen. Von **Thomas M. Legge** und **Kenneth W. Goadby.** Übersetzt von Dr. **Hans Katz †.** Herausgegeben und mit Anmerkungen versehen von Dr. **Ludwig Teleky.** Mit 6 Textabbildungen und 2 Tafeln. Nebst einem Anhang: Die deutschen und deutschösterreichischen Verordnungen zur Verhütung gewerblicher Bleivergiftung. Zusammengestellt im Institut für Gewerbehygiene von Else Bländsdorf, Bibliothekarin. VIII, 372 Seiten. 1921. RM 13.—

II. Teil: **Bleiliteratur.** Veröffentlichungen über Bleivergiftung, Spezialarbeiten und Merkblätter, Textangabe der Bleiverordnungen für das Deutsche Reich, Deutschösterreich und außerdeutsche Staaten. Zusammengestellt im Institut für Gewerbehygiene von Else Bländsdorf, Bibliothekarin. IV, 108 Seiten. 1922. RM 3.60

Heft 8 bis 10: **Internationale Übersicht über Gewerbekrankheiten** nach den Berichten der Gewerbeinspektionen der Kulturländer. Mit Unterstützung von Dr. **Ludwig Teleky** bearbeitet von Professor Dr. **Ernst Brezina,** Wien, Technische Hochschule.

Übersicht über das Jahr 1913. VIII, 143 Seiten. 1921. RM 4.80
Übersicht über die Jahre 1914—1918. XII, 270 Seiten. 1921. RM 10.—
Übersicht über das Jahr 1919. VII, 118 Seiten. 1922. RM 4.20

Heft 11: **Die deutsche Bleifarbenindustrie vom Standpunkt der Hygiene.** Nach eigenen Untersuchungen 1921—1922. Von Geh. Hofrat Professor Dr. **K. B. Lehmann,** Direktor des Hyg. Inst. Würzburg. VI, 95 Seiten. 1925. RM 3.90

Heft 12: **Theophrastus von Hohenheim, genannt Paracelsus: Von der Bergsucht und anderen Bergkrankheiten.** Bearbeitet von Dr. **Franz Koelsch,** Ministerialrat im Bayrischen Staatsministerium für Soziale Fürsorge, Bayrischer Landesgewerbearzt, a. o. Professor an der Universität München. Mit 1 Bildnis. VI, 70 Seiten. 1925. RM 4.80

Heft 13: **Über die Gesundheitsgefährdung bei der Verarbeitung von metallischem Blei** mit besonderer Berücksichtigung der Bleilöterei. Von Dr. med. **Hans Engel,** Mitglied des Reichsgesundheitsamtes Berlin. IV, 40 Seiten. 1925. RM 2.70

Heft 14: **Was muß der Arzt von der neuen Verordnung über die Einbeziehung der Berufskrankheiten in die Unfallversicherung wissen und welche Pflichten ergeben sich für ihn daraus?** Versicherungsrechtliche und ärztliche Hinweise. Unter Mitarbeit von Professor Dr. **Hayo Bruns.** Direktor des Bakteriologischen Instituts, Gelsenkirchen, Geh. Sanitätsrat Dr. **Cramer,** Cottbus, Dr. **Martius.** Verwaltungsdirektor der Berufsgenossenschaft der chemischen Industrie, Berlin, Ministerialrat Professor Dr. **Thiele,** Sächs. Landesgewerbearzt, Dresden, herausgegeben von den **Fabrikärzten der chemischen Industrie.** Mit 6 Abbildungen im Text und 1 Spektraltafel. IV, 72 S. 1925. RM 4.50
Neue Auflage stellt Heft 28 dar.

Heft 15: **Die deutsche Fabrikpflegerin.** Von Dr. **Ludwig Schmidt-Kehl,** Assistent am Hygienischen Institut der Universität Würzburg. 31 Seiten. 1926. RM 1.80

Heft 16: **Gewerbestaub und Lungentuberkulose (Stahl-, Porzellan-, Kohle-, Kalkstaub und Ruß).** Eine literarische und experimentelle Studie von Professor Dr. med. **K. W. Jötten,** Direktor des Hygienischen Institutes und der Staatl. Forschungsabteilung für Gewerbehygiene in Münster i. W., und Dr. med. **W. Arnoldi,** ehemaliger Assistent am Hygienischen Institut in Münster i. W. Mit 105 Abbildungen. VI, 256 Seiten. 1927. RM 27.—

Verlag von Julius Springer / Berlin

(Schriften aus dem Gesamtgebiet der Gewerbehygiene.) Neue Folge

Heft 17: **Die Staublungenerkrankung (Pneumonokoniose) der Sandsteinarbeiter.** Von Professor Dr. **A. Thiele,** Ministerialrat, Landesgewerbearzt in Dresden, und Stadtmedizinalrat Dr. **E. Saupe,** Privatdozent an der Technischen Hochschule in Dresden. Mit 22 Abbildungen. III, 69 Seiten. 1927. RM 6.90

Heft 19: **Ergographische Studien über die Funktion der Handstrecker bei Arbeitern verschiedener Bleigefährdung.** Zugleich ein Beitrag zur Frage der Vergleichsmöglichkeit ergographischer Untersuchungen symmetrischer Muskelgruppen. Von Dr. med. **Carl E. Albrecht,** Bremen. Mit 20 Abbildungen. III, 62 Seiten. 1928. RM 6.—

Heft 20: **Gewerbliche Augenschädigungen und ihre Verhütung.** Von Dr. med. **O. Thies,** Augenarzt in Dessau. Mit 35 Abb. IV, 43 S. 1928. RM 4.80

Heft 21: **Das Sandstrahlgebläse** unter besonderer Berücksichtigung der Maßnahmen zur Vermeidung von Schädigungen bei seiner Verwendung. Im Auftrag des Technischen Ausschusses der Deutschen Gesellschaft für Gewerbehygiene unter Mitwirkung von Reichsbahnrat E. Lehmann, Nied a. Main, Gewerberat W. Vogel, Halberstadt, bearbeitet von Oberregierungsgewerberat a. D. **K. R. Maukisch,** Leipzig und Oberingenieur **H. Sperk,** Leipzig. Mit 44 Abbildungen. V, 46 Seiten. 1928. RM 5.70

Heft 22: **Die Aschebeseitigung in Großkesselanlagen.** Im Auftrag des Technischen Ausschusses der Deutschen Gesellschaft für Gewerbehygiene unter Mitwirkung von Regierungs- und Gewerberat A. Pasch, Gumbinnen, Gewerberat D. Andresen, Berlin, Oberingenieur M. Schimpf, Essen, nebst Beiträgen von Gewerberat F. Budde, Bitterfeld, und Gewerberat Dr. A. Rosebrock, Köln, bearbeitet von **A. Rühl,** Ministerialrat im Preußischen Ministerium für Handel und Gewerbe, und **R. Schulte,** Direktor des Dampfkesselüberwachungsvereins der Zechen im Oberbergamtsbezirk Essen. Mit 23 Abbildungen. V, 46 Seiten. 1928. RM 4.80

Heft 23: **Das Tiefdruckverfahren** unter besonderer Berücksichtigung der Maßnahmen zur Vermeidung von Schädigungen bei seiner Verwendung. Im Auftrag des Technischen Ausschusses der Deutschen Gesellschaft für Gewerbehygiene bearbeitet von Dr. **R. Krug,** Halle-Ammendorf, Dipl.-Ing. **Fr. Rothe,** Direktor der Deutschen Buchdrucker-Berufsgenossenschaft, Leipzig, **J. Wenzel,** Oberregierungs- und -gewerberat, Berlin. Zweite, neubearbeitete und ergänzte Auflage. Mit 21 Abbildungen. VI, 35 Seiten. 1930. RM 3.60

Heft 24: **Internationale Übersicht über Gewerbekrankheiten** nach den Berichten der Gewerbeaufsichtsbehörden der Kulturländer über die Jahre 1920—1926. Bearbeitet von Dr. **Ernst Brezina,** Sektionsrat im Bundesministerium für soziale Verwaltung, Professor an der Technischen Hochschule in Wien. VI, 205 Seiten. 1929. RM 12.—

Heft 25: **Über die Gesundheitsverhältnisse der Arbeiter in der deutschen keramischen, insbesondere der Porzellan-Industrie mit besonderer Berücksichtigung der Tuberkulosefrage.** Von Professor Dr. **K. B. Lehmann,** Geheimem Rat, Direktor des Hygienischen Instituts, Würzburg. 55 Seiten. 1929. RM 3.60

Heft 26: **Gewerbestaub und Lungentuberkulose.** Zweiter Teil. (Zement-, Tabak- und Tonschiefer-Staub.) Von Professor Dr. med. **K. W. Jötten,** Direktor des Hygienischen Institutes und der Staatl. Forschungsabteilung für Gewerbehygiene in Münster i. Westf., und Dr. **Thea Kortmann,** ehemal. Assistentin am Hygienischen Institut in Münster in Westf. Mit einem Beitrag: Übt das Staubstreuverfahren in den Kohlenbergwerken einen schädigenden Einfluß auf die Gesundheit der Bergleute aus? Von Dr. G. Schulte, Leiter der Röntgenabteilung des Knappschaftskrankenhauses Recklinghausen. Mit 56 Abb. IV, 125 Seiten. 1929. RM 21.—

Heft 27: **Die soziale Hygiene in der badischen Bürstenindustrie.** Von Dr. **Artur Brandt,** Mühlhausen i. Thür. 59 Seiten. 1930. RM 7.80

Heft 28: **Ärztliche Merkblätter über berufliche Erkrankungen** unter besonderer Berücksichtigung der Verordnung des Reichsarbeitsministers vom 11. Februar 1929 über Ausdehnung der Unfallversicherung auf Berufskrankheiten. Dritte Auflage. Unter Mitarbeit von Professor Dr. Beck, Heidelberg; Gewerbemedizinalrat Dr. Beintker, Münster i. W.; Professor Dr. Best, Dresden; Professor Dr. Böhme, Bochum; Professor Dr. Bruns, Gelsenkirchen; Professor Dr. Chajes, Berlin; Professor Dr. Holtzmann, Karlsruhe; Direktor Dr. Martius, Berlin; Dr. Ruge, Hamburg; Dr. Schultz, Charlottenburg; Professor Dr. Schwarz, Hamburg; Geheimrat Professor Dr. Thiele, Dresden, herausgegeben von den **Fabrikärzten der chemischen Industrie.** Mit 12 Abbildungen im Text und 2 Tafeln. IV, 130 Seiten. 1930. RM 10.50

Heft 29: **Toxikologie und Hygiene des Kraftfahrwesens.** (Auspuffgase und Benzine.) Von Professor Dr. med. **E. Keeser,** Direktor des Pharmakologischen Instituts der Universität Rostock, früherem Regierungsrat, Dr. phil. **V. Froboese,** Regierungsrat und Dr. phil. **R. Turnau,** Regierungsrat (im Reichsgesundheitsamt) und Professor Dr. med. **E. Groß,** Dr. phil. **E. Kuß,** Dr. phil. **G. Ritter,** Professor Dr.-Ing. **W. Wilke** (von der I.G. Farbenindustrie A.-G. Oppau und Ludwigshafen a.Rh.). Mit 23 Textabbildungen und 1 Tafel. VIII, 106 Seiten. 1930. RM 10.50

MIX
Papier aus verantwortungsvollen Quellen
Paper from responsible sources
FSC® C105338

If you have any concerns about our products,
you can contact us on
ProductSafety@springernature.com

In case Publisher is established outside the EU,
the EU authorized representative is:
**Springer Nature Customer Service Center GmbH
Europaplatz 3, 69115 Heidelberg, Germany**

Printed by Libri Plureos GmbH
in Hamburg, Germany